헤이리 예술가들의
아주 특별한 여행

세계 예술마을은
무엇으로 사는가

세계 예술마을은 무엇으로 사는가

2016년 11월 25일 초판 1쇄 찍음
2016년 12월 10일 초판 1쇄 펴냄

지은이 이상
디자인 노성일 designer.noh@gmail.com

펴낸이 이상
펴낸곳 가갸날
주 소 10386 경기도 고양시 일산서구 강선로 49 BYC 402호
전 화 070-8806-4062
팩 스 0303-3443-4062
이메일 gagyapub@naver.com
블로그 blog.naver.com/gagyapub

ISBN   979-11-956350-9-2 (03980)

이 도서의 국립중앙도서관 출판예정도서목록(CIP)은 서지정보유통지원시스템 홈페이지
(http://seoji.nl.go.kr)와 국가자료공동목록시스템(http://www.nl.go.kr/kolisnet)에서
이용하실 수 있습니다. (CIP제어번호: CIP2016027642)

이 책은 한국출판문화산업진흥원 2016년 우수출판콘텐츠 제작 지원 사업 선정작입니다.

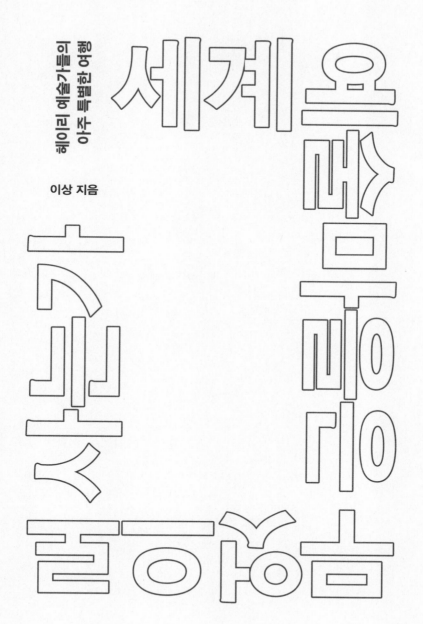

세계 요

이상 지음

가갸날

책을 펴내며

어떤 곳이 낙원이라는 명성을 얻게 되면,
이내 지옥으로 바뀐다는 사실은 공리에 가깝다.

여행 문학의 거장으로 꼽히는 폴 서루Paul Theroux의 말이다. 이 하나
의 명제를 확인하기 위해 세상을 주유하는 오랜 발걸음이 필요했는지
도 모르겠다.

이 책은 여행서다. 하지만 통상의 여행서에서 보는 일탈이나 자유
와는 다소 거리가 있다. 남들이 꾸지 않는 꿈이, 도전 과제가 있었으
므로.

이 책은 헤이리 마을 사람들과 십여 년에 걸쳐 함께한 여행 기록이
다. 무엇 때문에 우리는 여행을 떠났고, 어디를 어떻게 돌아다녔던 것일
까? 해외 문화탐방 프로그램에 참여한 헤이리 사람들은 좋이 백 수십
명을 헤아린다. 연인원으로는 수백 명에 이른다. 헤이리 만들기가 수많

은 사람들이 오랜 시간에 걸쳐 지혜를 나누고 고투해 온 결과물임을 알 수 있다.

"외국에도 헤이리 같은 마을이 있나요?"

"헤이리의 모델은 어디인가요?"

사람들이 자주 묻는 말이다. 단언컨대, 헤이리는 독자적인 모델이다. 헤이리 같은 규모로 인위적으로 조성된 마을은 세계 어디에도 없다.

딱히 모델 마을이 없다고 하여 헤이리가 외국의 예술마을에 빚진 게 없다는 말은 아니다. 필자가 헤이리 사람들과 함께 다녀온 해외 문화탐방만도 스무 번 남짓에 이르니.

외국의 예술마을들은 실로 여러 얼굴을 하고 있었다. 생폴드방스, 브레더보르트 같은 경우는 성곽마을의 아름다운 자연과 역사를 배경으로 문화의 옷이 입혀졌다. 카멜, 가루이자와, 유후인은 휴양도시의 강점을 무기로 예술가들의 발길을 끌어들였다. 피스카스와 798예술구는 빈 공장터에 예술가들이 모여든 경우다.

우리가 주목한 곳은 대도시에서 떨어진 유니크한 예술마을이었다. 파주 땅 시골구석에 들어설 헤이리의 가능성을 확인해 보기 위해서였다. 그렇다고 우리의 발걸음이 시골의 작은 마을에만 머무른 것은 아니었다. 도시 건축적으로 의미 있고 시대를 앞서가는 마을을 만들기 위해, 베를린, 파리 같은 대도시에서부터 빌바오, 구마모토 같은 중소도시에 이르는 중요한 현대 건축 프로젝트를 섭렵하였다.

그동안 보고 온 예술마을과 건축 프로젝트의 숫자는 수십을 헤아린다. 이 책은 그 기록이다. 여행 일정을 따라가는 기술을 벗어나, 11개의 예술마을을 중심으로 살을 붙이는 방식을 취하였다. 개중에는 두 번, 세 번 다녀온 곳도 있어서, 나중의 답사 내용을 덧붙일 필요가 있었다. 몇몇 마을은 최근에 다시 다녀왔다. 파주출판도시 관련 일을 하면서 비슷한 주제의 답사가 이어졌기 때문이다. 한 번밖에 다녀오지 못한 마을도 현지와의 네트워크를 유지하거나 지속적인 관심을 유지하면서 최근의 변화까지 담아낼 수 있었다.

이 책에 담긴 내용은 눈요깃거리나 말의 성찬에 머물지 않았다. 피와 살이 되어 헤이리 만들기에 오롯이 스며들었기 때문이다. 마을이나 도시는 유기체와 같다. 오랜 세월에 걸쳐 사람들의 삶과 그들이 살아온 흔적이 켜켜이 쌓여 역동적인 이야기가 되고 문화로서 빛을 발한다. 하지만 빛이 있는 곳에는 그늘이 따르는 법. 세속적 성공을 거둔 예술마을은 대부분 위기에 직면해 있다. 반면 국내에서는 도처에서 예술마을, 문화마을 만들기가 한창이다. 적어도 백 년은 가는 마을을 만드는 데, 이 책이 한 올의 실타래나마 되었으면 좋겠다.

이 책은 필자가 대표 집필하였지만, 다수에 의한 집단지성의 성과물로 평가되어 좋을 것이다. 답사 여정을 함께한 모든 분들께 감사의 말씀을 올린다.

2016년 11월

차례

8

자연과 예술이 함께하는 유토피아

인젤 홈브로흐

독일
Germany

인젤 홈브로로흐에 보이는 자유는
실험을 두려워하지 않는 데서 나온다...
너무 일찍 타협하지 말라.

— 바바라 호이든

여행 일정표에도 없던 뮤지엄 인젤 홈브로흐Museum Insel
Hombroich는 저에게 큰 충격이었습니다. 예술과 건축과 자연이
하나로 통합되어 강력히 체험하게 하는 장소입니다.

답사여행에 동행하였던 건축가 민현식 교수가 《출판도시 뉴스》(제
17호)에 쓴 글의 일부다.

그랬다. 홈브로흐는 모두에게 낯선 이름이었다. 출발하기 직전에야
부랴부랴 답사 일정에 끼워 넣은 곳이기 때문에, 참가자들에게 배포한
자료집과 일정표에는 이름조차 빠져 있었다.

이종욱 시인은 여행의 앞길에는 '창조를 동반하는 파괴'가 기다리
고 있다고 했다. "마비되어가는 의식과 곤고한 영혼의 낡은 때를 벗기
고 새로운 살을 입힌다"는 것이다. 큰 기대 없이 떠난 여행길에서 보석
을 발견할 때의 기쁨은 일러 무엇 하랴. 여행이라는 게 으레 반전이 있

기 마련이지만 홈브로흐에서는 더욱 극적이었다고나 할까. 별 기대 없이 홈브로흐에 발을 들여놓았던 이들이 그곳 문을 나서면서는 하나같이 홈브로흐 예찬자가 되어 있었다.

> 나는 새롭게 눈을 뜬 기쁨을 느꼈다. 허름하고 빛바랜 창고 같은
> 건물의 천장과 문들이 햇볕과 나무와 바람 앞에 경배하는
> 침묵의 공간 안에서 한 시간 남짓 머무는 동안
> 영혼 저 밑바닥의 잔잔하고 깊은 곳으로 이끌려드는
> 강렬한 인상이 오래오래 마음에 남았다.
>
> ─ 김진주,《헤이리》제2호

홈브로흐 미술관을 관람하고 돌아오는 차 안에서 우리 일행은 마이크를 넘겨가며 이러저러한 소감을 말하는 기회를 가졌다. 누구라 할 것 없이 똑 그랬다. 마치 누가 받은 감동이 더 컸는지 경쟁이라도 하듯이, 모두들 홈브로흐를 경배하는 것이었다. 문화적 안목도 전염되는 것이구나 새삼 느꼈다.

헤이리와 출판도시, 같이 답사여행을 떠나다

1999년 2월의 홈브로흐 답사 여행은 한국 건축계에도 의미 있는 영

세계 예술마을은 무엇으로 사는가

향을 끼쳤다. 단언컨대 우리 주류 건축계에 생태 개념이 도입되는 결정적 계기는 다름아닌 이 여행이었다고 말하고 싶다. 그 이전까지 건축가들이 생태 건축에 어떤 태도를 보였는지 똑똑히 기억한다. 마치 파충류의 차가운 피부에 손이라도 스쳤을 때의 표정 같았다고나 할까.

홈브로흐를 포함한 유럽 답사 여행에는 출판도시의 코디네이터 건축가들과 장차 헤이리에 건축물을 설계하게 될 건축가, 그리고 두 단체의 주요 회원 등 50여 명이 함께하였다. 이 무렵은 헤이리와 출판도시 모두 마스터플랜을 완성한 상태여서 곧 착수하게 될 건축에 관심이 높았다.

출판도시의 관심은 시종일관 건축이었다. 출판도시는 본래부터 도시적 성격이 명확하였다. 헤이리 역시 건축에 대한 관심은 크게 다르지 않았지만, 관심의 폭이 좀더 넓었다. 더불어 유럽 지역의 문화예술마을을 둘러보기를 원했다.

방문할 건축물과 건축 프로젝트는 출판도시 코디네이터들이 제안하였다. 거기에 예술마을 범주에 속하는 독일의 로텐부르크와 파리 근교의 바르비종, 그리고 베를린 교외의 카로 노르트와 뒤셀도르프의 운터바흐 같은 생태마을을 포함해 일정이 짜여졌다.

모든 일정의 조율이 마무리되고 답사 자료집의 편집까지 마친 어느 날이었다. 헤이리 회원인 건축가 우경국 교수가 전화를 걸어왔다. 홈브로흐라는 곳의 자료를 보내주겠다는 것이었다. 나토 미사일 기지였던 냉전시대의 상처받은 땅을 예술을 통해 치유하려는 프로젝트였다. 비로소 방문 가치가 있는 곳을 찾았다는 안도감과 묘한 떨림이 동시에 일었다.

그러나 섣불리 일정을 수정하기는 어려웠다. 운영의 묘를 살리는 수밖에 없었다. 마침 뒤셀도르프의 운터바흐를 방문하는 일정이 잡혀 있기 때문에, 시간을 효율적으로 조정해 홈브로흐도 방문해 보자고 출판도시 김경훈 차장과 협의하였다.

로텐부르크를 거쳐 슈투트가르트의 근대건축 발상지를 답사한 우리는 다음 행선지인 베를린에서 이틀을 보냈다. 베를린은 건축가들이 좋아하는 도시였다. 역사적으로 의미 있는 프로젝트가 많이 진행되었을 뿐 아니라, 독일통일 이후에는 동서 베를린의 장벽이 놓여 있던 포츠담 광장을 중심으로 눈이 휘둥그레질 건축적 변신이 진행되고 있었다.

숨 가쁜 일정이 흘러갔다. 건축가들은 우리의 건축적 안목을 높여주기 위해 하나라도 더 보여주고 싶어 했다. 몇 채의 IBA 건축전 대표건축물을 비롯해 다니엘 리베스킨트가 설계한 유대박물관, 포츠담 광장 등을 둘러보았다. 베를린 근교의 생태도시 카로 노르트도 다녀왔다.

가장 인상적이었던 곳의 하나는 나치가 저지른 분서焚書 사건을 기억하기 위한 베벨 광장의 조형물이었다. 유리 덮개를 이고 있는 지하 조형물의 내부는 빈 서가였다. 인간의 광신이 얼마나 끔찍할 수 있는지 조용한 울림으로 말을 걸어오고 있었다.

조형물 옆에는 시인 하이네의 희곡 〈알만조르〉Almansor에서 따온 글귀가 적혀 있었다.

그것은 단지 서곡일 뿐이오.
책을 태우는 자들은 결국 인간도 태우고 말 것이오.

하이네의 작품은 나치의 분서 사건이 일어나기 1백 년도 더 전에 발표된 것이다. 시인의 예지력이 놀랍다 못해 섬뜩하다. 분서가 정말 서막에 지나지 않았음을 베를린 유대박물관이 보여주고 있으니.

베를린의 신중심으로 떠오르고 있는 포츠담 광장 바로 옆에는 베를린의 문화적 랜드마크라고 할 수 있는 두 개의 건물이 이웃해 있다. 베를린 필하모니 홀과 베를린 신국립박물관이다.

베를린에 머물던 첫날 저녁 우리는 베를린 필하모니 홀에서 콘서트에 취하는 망외의 즐거움을 누렸다. 상트페테르부르크 필하모니의 공연이었다.

공연장에 들어서고 나서야 건축가들이 왜 이 건물을 꼭 보아야 한다고 강조했는지 알 수 있었다. 공연장 내부구조가 지금까지 보아왔던 여느 연주회장과는 사뭇 달랐다. 마치 중세의 원형극장이나 우리네 마당극에서처럼 무대가 공연장 한가운데 마련되어 있었다. 객석이 사방에서 무대를 에워싸는 구조이다 보니 큰 공연장인데도 불구하고 작은 콘서트홀 같은 분위기가 느껴졌다. 건축가 한스 샤로운이 이 같은 개념을 도입한 것은 무엇보다도 연주자와 청중 사이의 벽을 허물기 위해서였을 것이다.

베를린 신국립박물관은 독일을 대표하는 건축가 미스 반 데어 로에가 설계하였다. '빛과 유리의 전당'이라는 별명처럼 사방 유리로 된 벽체에 평면의 철제 지붕이 씌워진 아주 단순한 구조였다. 극도의 절제미를 추구한 미스의 건축철학을 상징적으로 보여주는 작품이다.

베를린 베벨 광장의 분서 조형물(위) / 베를린 유대박물관(오른쪽).

그것은 단지 서곡일 뿐이오.
책을 태우는 자들은 결국 인간도 태우고 말 것이오.

— 하인리히 하이네

생태마을 운터바흐의 추억

베를린 답사 일정을 끝낸 우리는 항공편을 이용해 뒤셀도르프로 날아갔다. 먼저 독일의 대표 생태주거단지로 꼽히는 운터바흐를 찾았다. 뒤셀도르프 시내에서 버스로 20여 분 걸리는 거리였다.

생태마을이라고 해서 외따로 떨어진 마을을 생각했는데, 다른 주거지구와 이웃해 있었다. 완만한 경사지에 위치한 30여 가구의 작은 동네였다.

제일 먼저 눈에 띄는 특징은 집집마다 옥상에 잔디를 심은 것이었다. 정원의 모양새도 썩 달랐다. 돌보고 가꾸는 공간이라는 느낌이 들지 않았다. 초등학생 키 정도의 관목과 줄기식물류가 웃자라 있었다. 한겨울이라서 그런지 거칠고 메마른 인상을 풍겼다. 화초류를 중심으로 예쁘고 아기자기하게 꾸미는 조경은 그들의 미학적 입장과 배치되는 듯했다.

집들은 매우 조밀하게 배치되어 있었다. 집과 집 사이에는 담이 없었다. 앞뒷집 사이에는 작은 정원이 조성되어 있고 더불어 좁은 골목길이 나 있었다.

골목에서 한 아이를 만났다. 말을 걸어보았다. 웃으면서 집안으로 들어가더니 엄마를 데리고 나왔다. 실례를 무릅쓰고 몇 마디 물어보았다. 의사소통이 잘될 리 없었다. 그래도 멀리서 온 손님을 위해 집안을 구경시켜주었다. 집안은 생각보다 좁았다. 세간살이도 간소했다. 검소함이 느껴졌다.

우리가 뭔가 아쉬워하는 걸 느꼈는지, 집을 나서 커뮤니티 센터로 안내해 주었다. 마을 뒤쪽에 주민들의 공동시설이 마련되어 있었다. 거기서 우리네로 치면 이장뻘 되는 사람을 만났다. 그의 설명을 통해 궁금했던 것들을 다소 이해할 수 있었다.

이들이 가장 중점을 두는 것은 환경보존이었다. 우선 자원을 최소로 사용한다는 원칙을 정했다. 건축재료는 재생 가능한 것을 사용해야 한다. 에너지 소비를 줄이기 위해 태양열 시스템을 도입하였다. 집을 지은 자리만큼 토양 생태계를 파괴했기 때문에, 그 대신 옥상에 식물을 심어 복원한다고 했다.

"왜 이렇게 집들이 다닥다닥 붙어 있죠? 좀 넓게 지었으면 좋았을 텐데."

"저층고밀형 주거단지 개념에 입각한 것입니다. 이곳은 전부 단층집입니다. 그렇기 때문에 각 세대가 너무 넓은 땅을 차지하면 안되지요. 자원을 아끼고 생태환경을 생각하는 철학에 위배되기 때문입니다."

우리의 질문에 그는 이렇게 답했다. 계속 질문이 이어졌다.

"여러 사람이 모여 있으면 의견을 모으기가 쉽지 않을 텐데요. 갈등 같은 건 없나요?"

"논의해야 할 안건이 생기면 전체 주민회의를 개최합니다. 꽤 자주 회의가 개최되는 편이지요. 거기에서 충분히 토의해 결정합니다. 사안에 따라 소모임이 열리기도 합니다. 어쨌든 중요한 논의일수록 많은 토론이 필요하다고 생각합니다."

어디라서 쉬울까? 아무리 비슷한 생각을 가진 사람들이 모였다 할지라도 의견이 분분할 수밖에 없을 터. 운터바흐 역시 공동체의 유지를 위해 끊임없는 노력을 기울이고 있었다.

생태마을에 관한 자료를 조사한 적이 있다. 어떤 생태마을은 거의 종교집단 같다는 느낌을 받았다. 운터바흐 정도라면 얼마든지 현실에 적용할 수 있지 않을까 하는 생각이 들었다. 한국건설기술연구원에 몸 담고 있던 김현수 박사가 운터바흐를 추천한 이유를 짐작할 수 있었다.

생각보다 시간이 지체되어 이날의 여정은 운터바흐를 방문하는 것으로 마무리되었다. 뒤셀도르프 시내에 묵게 된 우리는 저녁식사를 마친 다음 답사모임을 중간결산하는 토론회를 가졌다.

많은 이야기가 오갔다. 각자의 관심사와 그동안의 경험이 서로 다르기 때문에 다양한 견해가 표출되었다. 건축에 눈을 뜬 듯 깊은 기회였다고 말하는 이들이 있는가 하면, 너무 유명 건축물 위주로 일정이 짜여 있어 실용성이 떨어진다는 말도 나왔다. 헤이리와 출판도시 회원 사이에 미묘한 시각차가 느껴지기도 했다.

그러나 우리의 여정은 그렇기에 의미가 있었다. 모두가 잘 알고 생각이 같다면 굳이 힘든 답사를 떠나올 이유도 없었을 테니까.

건축가들과 함께하는 답사여행은 큰 행운이자 즐거움이었다. 마치 개인교습을 받듯이 짧은 기간에 현대건축의 대략적인 맥락을 이해할 수 있었다. 무엇이 좋은 건축인지, 좋은 건축을 위해서는 어떻게 해야 하는지, 또 도시는 무엇인지, 도시 속의 건축은 무엇인지, 좋은 건축주의 미덕은 무엇인지 두루 생각할 수 있는 기회였다.

홈브로흐에서 우리는 모두
철학자가 되었다

　다음날 아침 홈브로흐로 출발했다. 홈브로흐는 뒤셀도르프에서 제법 시골길을 달려야 하는 곳이었다. 행정구역상으로는 노이스 시에 속하지만, 시가지에서 꽤 떨어져 있었다.

　차 안에서 홈브로흐 방문 사실을 알리고 간단한 개요를 설명해 주었다. 약간의 웅성거림이 일었다. 불만 섞인 목소리도 감지되었다. 건축가들도 마찬가지였다. 일정표에 있는 곳을 보기에도 빠듯한데, 쓸데없는 데 시간을 낭비하는 것 아니냐는 의미였을 것이다. 그러나 시간을 계산해 본 결과 홈브로흐를 방문하더라도 예정된 일정을 소화하는 데 큰 지장은 없었다. 다만 홈브로흐 방문에 충분한 시간을 갖기 어려운 것이 아쉬웠다.

　홈브로흐로 가는 길은 좁은 시골길이었다. 주변은 너른 들판이었다. 지평선 끝이 보이지 않았다. 겨울은 겨울대로 맛이 있지만, 그래도 비어 있는 들판은 왠지 쓸쓸하다. 괜스레 허기가 느껴졌다.

　버스 운전수도 길이 낯선 모양이었다. 그도 그럴 것이 그는 프랑스인이었다. 이정표도, 주위에 인가도 제대로 없는 시골길에서 얼마를 헤매는 것 같더니, 수풀 사이에 오도마니 놓인 적갈색 단층건물 앞에 우리를 내려놓았다. 이게 미술관인가 싶으면서 먼저 걱정이 밀려왔다. 자칫하다 일행들의 온갖 비난을 감수해야 할 판이었다.

그 건물은 홈브로흐 미술관의 관리사무실이었다. 표를 구입하였다. 건물 한쪽에서는 자료집과 기념품을 팔고 있었다. 꽤 너른 공간이었다. 건물을 나서니 미술관 입구였다.

그런데 이게 뭐람. 황량하기 이를 데 없는 풍경이 눈앞에 튀어나오는 것 아닌가. 몇 개의 건물이 보이기는 하는데 한참을 가야 하는 거리였다. 어디가 미술관인지, 어디가 경계인지, 어디로 동선을 잡아야 하는지 막막했다. 미리 자료를 살펴본 필자가 이럴진대, 다른 일행들이야 어떨까 싶었다.

관리사무소에서 받아든 지도를 펼쳤다. 지도 위에는 띄엄띄엄 건축

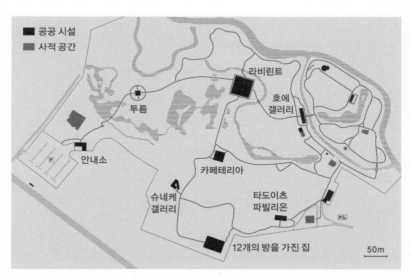

인젤 홈브로흐.

　　　　　　　　세계 예술마을은 무엇으로 사는가

물이 표시되어 있고, 그 사이를 점선이 연결해 주고 있었다. 관람동선을 표시하고 있는 것 같았다.

약간 경사진 길을 내려가니 작은 연못이 나왔다. 연못이라기보다는 늪이라고 해야 맞을 것 같았다. 이곳 이름이 '인젤 홈브로흐'임을 비로소 깨닫게 해주는 풍경이었다. 인젤Insel은 섬이라는 뜻이다. 늪은 홈브로흐 내 도처에 크고 작은 모습으로 흩어져 있었다.

방문객들은 이곳이 섬이라는 사실을 느끼기 어렵다. 남이섬 같으면 배를 타야 되고, 여의도 같은 섬이면 강폭이 좁은 영등포 쪽에도 다리가 놓여 있으니 섬이라는 사실을 쉬 알련만. 재즈 페스티벌이 열리는 북한강가의 자라섬을 떠올리면 될 성싶다. 홈브로흐는 에르프트 강가에 면한 소택지였던 것이다.

연못을 지나자 벽돌로 지은 작은 건물이 나타났다. 잔뜩 기대를 품고 안으로 들어섰다. 그런데 이럴 수가. 안이 텅 비어 있었다. 고개를 갸우뚱거리며 구석구석 살펴보았다. 혹시 무슨 설명문이라도 있는가 하고. 아무것도 없었다. 하늘로 뚫린 유리문을 통해 맑은 햇살이 스며들고 있을 뿐.

반대쪽으로 난 문을 나서며 일행 사이에 의견이 오갔다.

"전시가 끝나고 새 전시를 준비하는 중 아닐까요?"

"자신을 비우라는, 그리고 내면을 돌아보라는 의미 같은데요."

"아, 그럴지도 모르겠군요. 마치 산사에 들어설 때 일주문이나 사천왕상 앞에서 옷깃을 여미듯이 말이죠."

정확한 의도를 알 리 없는 우리는 그렇게 믿기로 했다. 텅 빈 공간처럼 먼저 자신을 비우라는 메시지로 받아들였다.

거짓말처럼 마음이 평온해졌다. 아무것도 보지 못하고서 즐거워할 수 있다니, 이런 역설이 있을까?

> 또 당했구나! 이쯤에서 나는 무장해제를 했던 것 같다.
> 네 마음대로? 좋아, 나도 내 마음대로! 나는 아이처럼 가벼운
> 마음으로 숲길을 거닐었다. 인도차이나식 조그만 정자에 들어가
> 다리 꼬고 앉아도 보았다. 타잔이 나올 것 같은 짙푸른 숲속
> 호숫가에 서서 소리도 질렀다. 녹슨 철판이 제멋대로 엉켜 있는
> 작업장을 지나며 장난감 병정의 어깨도 툭툭 치고,
> 멍청하게 생긴 돌무더기에게 넌 또 뭐란 말이냐 째려보기도 했다.
> ─ 김혜경, 《헤이리》 제2호

다른 이들의 마음도 나와 크게 다르지 않았나 보다. 바로 그 첫 번째 건물을 보고 난 소감과 그후 미술관 부지를 둘러보며 느낀 감상을 이렇게 적고 있으니. 한결 여유가 생겼다. 다른 사람들이 뭐라든 크게 신경 쓰지 않기로 했다. 분명 뭔가 특별함이 있는 곳이었으므로.

나중에 자료집을 살펴보니 그 건물은 '탑'Turm이라는 이름을 갖고 있었다. '음향의 방'이라고도 불리는 모양이었다. 텅 빈 그 방에서 말을 하면 독특한 내부구조에 의해 소리가 증폭된다는 것이다. 노래에 일가견이 있는 사람은 더러 그 방에서 한곡 멋들어지게 뽑기도 한다고 한다. 자기 목소리에 도취되어.

'탑'을 지나 얼마쯤 더 걸으면 제법 큰 건물이 나타난다. 홈브로흐에서 제일 큰 전시장이다. 라비린트(미로)라는 이름이다. 장 포트리에, 쿠

세계 예술마을은 무엇으로 사는가

어트 슈비터스 같은 화가의 작품이 전시되어 있었다. 이들의 작품인 줄은 나중에 알았다. 이들 유명 작가의 작품과 함께 고대 중국 및 크메르 등지의 조각품들이 함께 진열되어 있었다.

특이하게도 홈브로흐에는 일체의 설명문이 없다. 건물이나 실내 전시작품, 야외 설치작품 어디에서도 팻말이나 설명글귀를 찾아볼 수 없다. 작가 이름이나 작품 이름조차 없다. 전시장 지킴이가 없어 누구에게 물어볼 수도 없다.

그림과 조각은 그 자신의 언어가 있습니다.
그래서 작품 스스로 설명하게 한 것입니다.

홈브로흐의 작품 전시기획을 맡았던 화가 고트하르트 그라우브너의 설명이다.

더 나아가 이들의 전시철학은 편견을 거부하는 데서 출발한다. 통상적인 시대구분이나 지역, 장르 구분을 무의미한 것으로 치부한다. 그래서 현대 회화와 오세아니아 조각, 중국 도자기, 아프리카 탈 등이 기획자가 의도한 주제에 맞추어 새로운 방식으로 분류 전시된다. 방문객들로 하여금 학습과 지식에 대한 부담 없이 보는 즐거움을 만끽하라는 뜻 아닐까 싶다. 아니면 기존의 미술사적 평가에 대한 통쾌한 전복을 의도하였거나.

라비린트 다음 건물은 호에 갤러리다. 에르빈 헤리히의 조각품이 전시되어 있는 호에 갤러리를 지나면 여러 갈래의 갈림길이 나온다. 시간 여유가 있으면, 나무다리를 건너 직진할 것을 권하고 싶다. 그라우브너

박물관 입구를 지나 처음 마주하는 건물 '투름' Turm.

파빌리온이나 크메르 조각을 모아놓은 오랑제리 뒤켠은 라인 강의 지류인 에르프트 강의 본줄기다. 다소 복잡한 듯 보여도 결국은 다음 건물에서 만날 수 있도록 길이 잘 정비되어 있으니, 로버트 프로스트의 〈가지 않은 길〉에서처럼 하나의 길밖에 선택하지 못하는 걸 아쉬워할 것은 없다.

숲은 더 울창해졌다. 큰 나무 숲뿐이 아니었다. 늪에는 갈대가 무성하고, 덤불과 관목 숲이 자연의 아름다움을 뽐내고 있었다. 군데군데 공터에는 조각품과 설치작품이 놓여 있었다. 나무다리가 나타나고, 벤치와 연못이 나타나고, 아이들 놀이터도 보였다. 이곳의 설립자가 '자연과 함께하는 예술'을 목표로 하였다는 말이 실감났다.

홈브로흐에는 전시장뿐 아니라 작가 스튜디오와 게스트하우스도 있다. 이곳에 스튜디오를 가진 작가는 아나톨 헤르츠펠트, 고트하르트 그라우브너 등이다. 그라우브너는 2013년 세상을 떠났기에, 이제 더 이상 그를 만날 수는 없다.

아나톨 헤르츠펠트의 스튜디오는 호에 갤러리 바로 옆이었다. 우리가 방문했을 때 그의 스튜디오는 비어 있었다. 마당이며 집 주위에 작품과 작품의 재료들이 어지럽게 널려 있었다. 홈브로흐 숲속 군데군데에도 헤르츠펠트의 대형 설치작품이 눈에 띄었다. 그는 나중에 부산비엔날레에 초대받은 적이 있다.

제일 안쪽에 위치한 로자 하우스는 한때 게스트하우스로 쓰였다. 19세기 초에 지어진 건물로서, 홈브로흐 내에서 신축되지 않은 유일한 건물이다.

타도이츠 파빌리온은 가장 좋은 전망을 자랑한다. 홈브로흐 건물

가운데 드물게 벽에 창이 나 있다. 격자형의 창 앞에는 방석이 깔려 있었다. 그곳에 앉아 아름다운 경치를 마음껏 즐기라는 미술관측의 배려인 것 같았다. 그래도 차마 방석에 앉지 못하고 창가에 서서 바깥 경치를 구경하는 것으로 만족하였다.

타도이츠가 일본 이름 비슷해서인지 그를 일본인으로 소개한 글을 본 적이 있다(이은화의 《21세기유럽현대미술관기행》 등). 조사해 본 결과 그는 노베르트 타도이츠Nobert Tadeusz였다. 뒤셀도르프 출신으로 가장 중요한 독일 컨템포러리 작가 가운데 하나라고 한다. 요셉 보이스의 제자이다.

산책길을 따라가면 다음 건물은 '12개의 방을 가진 집'이다. 그 아래쪽에는 에르빈 헤리히의 포르테라는 작품이 놓여 있다. 안으로 걸어 들어갈 수 있는 작품이다. 포르테 주위에는 잔디밭이 펼쳐져 있었다. 마지막으로 만난 달팽이라는 뜻의 슈네케 갤러리에서는 브랑쿠시와 세잔의 작품을 만날 수 있었다.

사실 이곳의 전시물은 그다지 내세울 만한 게 못되었다. 눈요기만으로 치자면 이곳저곳에서 대가들의 작품을 얼마나 많이 보아왔던가? 그런 기준에서 보자면 전시작품만으로는 실망할 수 있다. 명품 현대회화를 잔뜩 기대하고 온 사람들에게 크메르 조각이며 아프리카, 오세아니아의 민예품 같은 작품들이 크게 감흥을 일으킬 리 없다. 비판적으로 보자면 그래서 장르며 지역 구분을 배제한 채 섞어 전시하고 있는지도 모른다.

슈네케 갤러리와 '투름'(탑) 사이에는 카페테리아가 자리잡고 있다. 홈브로흐 첫 방문 때는 들르지 못했다. 다행히도 두 번째 방문시에는 카페테리아의 음식을 맛볼 수 있었다.

라비린트.

아나톨 헤르츠펠트의 스튜디오와
홈브로흐 도처에서 만날 수 있는 그의 작품.

카페테리아에서는 음식을 무료로 제공한다. 입장권에 포함되어 있다는 편이 맞겠다. 카페테리아에서 제공하는 음식은 홈브로흐 바로 이웃의 생태농장에서 기른 유기농 재료를 사용한 것들이다. 농장의 규모는 8헥타르에 이른다. 미술관 설립자는 처음부터 단순한 미술관이 아니라, 이곳을 실험적인 농업의 전진기지로 가꾸어갈 꿈도 갖고 있었다.

처음 방문했을 때는 홈브로흐 부지 내의 건물이 13개쯤 되었다. 5년 전에 다시 들렀을 때는 몇 개가 늘어 17개 남짓 되었다. 대부분의 건물은 에르빈 헤리히가 설계하였다. 그는 본래 조각가이다. 조각가가 설계한 건물답게 이곳의 건물들은 매우 특이하다. 하나하나가 마치 오브제 같다.

대부분의 건물은 벽체가 벽돌로 되어 있다. 재생 벽돌이라고 한다. 자세히 살펴보면 각각의 건물들은 각기 독특한 형태를 취하고 있다. 기하학적인 탐색이 설계에 반영되어 있기 때문이다. 미술관을 나서면서 입구 매점에서 구입한 홈브로흐 안내책자는 각각의 건물들이 기하학적으로 어떤 모습인지를 잘 보여주고 있었다.

건물들은 실용적인 전시공간이자 오브제이면서 홈브로흐의 자연과 잘 동화되어 있다. 2층 이상의 높이를 가진 건물은 없다. 그리고 애초의 지형에 순응해 지어졌다.

홈브로흐의 첫 느낌은 아주 거칠고 황량했다. 사람의 손길이 닿지 않은 야생의 들판 그대로인 듯했다. 그러나 사실은 섬세한 손길이 더해진 것이었다. 베른하르트 코르테라는 조경가가 홈브로흐의 경관을 만드는 작업을 맡았다고 한다.

네덜란드
Netherlands

브레더보로트
책마을 ★

독일
Germany

카로노르트
생태도시 ★
베를린 ★
IBA건축전
포츠담광장 개발프로젝트
베벨광장 분서조형물
유대박물관
베를린 필하모니홀
베를린 신국립박물관

에센 촐페어라인 : 폐광을 문화시설로 복원
★ 유네스코 세계문화유산
뒤셀도르프
노이어촐호프 ★★ ★ **운터바호** 생태마을
홈브로흐
라케텐슈타치온 홈브로흐
랑엔미술관

벨기에
Belgium
★ 르뒤
책마을

체코
Czech Republic

★ **마인츠**
구텐베르크박물관

★ **로텐부르크**
중세도시/박물관마을

프랑스
France

★ **슈투트가르트**
바이센호프 지들룽 : 근대건축의 발상지
슈타트비블리오테크

* 1차 답사 여정 : 로텐부르크 → 슈투트가르트 → 베를린 → 운터바호 → 홈브로흐
　　　　　　　→ 브레더보르트. 이후 프랑스의 릴 → 파리(그랑 프로제, 라빌레트)
　　　　　　　→ 이브리 신도시 → 바르비종으로 이어짐.
* 2차 답사 여정 : 헤이온와이 → 르뒤 → 홈브로흐 → 뒤셀도르프 → 에센 → 마인츠.

홈브로흐 방문을 마치고 돌아오는 길에 건축가 승효상 선생이 마이크를 잡고 한 말이 떠오른다.

> 홈브로흐는 얼핏 황량한 곳으로 보이지만, 거친 모습조차
> 사실은 정교하게 의도된 것이었습니다. 그렇기 때문에 6만 평
> 땅에 10여 동의 적은 건물이 배치되어 있을 뿐이지만, 하나의
> 도시 개념으로 이해할 수 있습니다.

대략 이런 취지의 설명이었던 것 같다. 이렇듯 홈브로흐에서는 경관 곧 랜드스케이프가 중요한 자리를 차지하고 있다. 홈브로흐에 놓여 있는 모든 것들이 랜드스케이프의 연속체를 이루고 있다.

홈브로흐 미술관이 탄생하는 데는 많은 사람들의 노력이 보태졌다. 그 시작은 칼 하인리히 뮐러라는 사업가였다. 뮐러는 세계 각지를 여행하며 예술작품을 수집한 컬렉터였다. 또한 그는 화가 폴 세잔의 숭배자였다. 그래서 자연과 예술이 함께하는 유토피아 전시공간을 세우고 싶어했다.

1982년에 뮐러는 지금의 홈브로흐 땅을 구입하였다. 그리고 베른하르트 코르테, 에르빈 헤르히, 고트하르트 그라우브너 등의 도움을 빌어 그의 꿈을 실현시켰다. 최초의 건물은 1983년에 들어섰다.

홈브로흐에서는 미술전시 외에도 다양한 행사들이 개최된다. 음악, 문학, 건축, 환경, 과학 등 장르를 가리지 않는다. 1986년 초여름에 열린 섬 페스티벌에는 백남준 선생이 초청되어 퍼포먼스를 벌였다.

세계 예술마을은 무엇으로 사는가

홈브로흐,
나토 미사일 기지터로 확장되다

  뮐러와 그의 동료들의 꿈은 여기에서 멈추지 않았다. 뮐러는 1994년 홈브로흐 진입도로 건너편에 위치하고 있던 옛 나토 미사일 기지 땅을 새로 샀다. 독일의 통일 직후인 1990년에 기지가 폐쇄된 곳이다.

  그들은 미사일 기지터에 더 많은 건축물을 세우기로 하였다. 미술관을 비롯해 작가 스튜디오, 종교시설, 과학시설 등이 들어섬으로써, 홈브로흐 프로젝트가 한층 확장되었다. 홈브로흐 프로젝트는 처음 문을 연 홈브로흐 미술관뿐 아니라 새로이 구입한 미사일 기지터와 그 사이의 생태농장을 포함하는 광범위한 크기로 진화하였다.

  그들의 꿈은 그곳을 '문화, 자연, 종교, 과학이 조화롭게 공존하는' 공간으로 만드는 일이다. 그곳은 한때 유럽에서 가장 산업활동이 왕성했던 루르 공업지대의 심장부에 해당한다. 뿐만 아니라 냉전시대의 아픈 역사를 보듬고 있는 땅이기도 하다. 그 땅을 치유해 새로운 문화공동체를 만드는 것, 그것이 그들의 목표였다.

  그들은 자신들의 꿈을 보다 공적인 것으로 만들어가기 위해 땅과 건축물을 포함한 일체를 노이스 시에 기증하였다. 노이스 시와 주 정부

군사 시설임을 알려주는 공간들이 작가들의 작업실로 쓰이고 있다.

는 1995년 비영리 재단을 설립하였다. 인젤 홈브로흐 재단이다. 이제는
재단이 홈브로흐 프로젝트 일체를 관장하고 있다.

1999년에는 미사일 기지터인 라케텐슈타치온 홈브로흐를 들를 여
유가 없었다. 다행히도 2011년 5월 말에 홈브로흐를 다시 방문할 기회
를 갖게 되어, 라케텐슈타치온을 찬찬히 둘러볼 수 있었다.

그곳에는 지금도 격납고며 관제탑 같은 군사 시설이 상당수 남아 있
다. 그대로 남겨두었다고 하는 편이 맞을지 모르겠다. 벙커, 격납고 같
은 안정적인 공간뿐 아니라, 심지어 보초를 서던 망루까지 작가들의 작
업실로 쓰이고 있는 게 인상적이었다.

라케텐슈타치온을 문화예술 공간으로 바꾸어가는 작업은 부분적
수정이 이루어지면서 계속 진행되고 있다. 들어선 건물은 10여 동에 이

　　　　　　　　　　　세계 예술마을은 무엇으로 사는가

른다. 건물의 대부분은 덩치는 커졌지만, 분위기는 인젤 홈브로흐와 비슷하다. 상당수를 에르빈 헤리히가 설계하였기 때문일 것이다. 다목적 강당은 미사일 기지 당시의 건물을 개축한 것이다. 실베스트린이 리노베이션 설계를 담당하였다. 덴마크 작가 키르케비는 예배당과 버스 정류장을 설계하였다.

라케텐슈타치온이 좀더 주목받기 시작한 것은 안도 다다오가 설계한 랑엔 재단 미술관이 문을 열면서부터이다. 지금은 단연 홈브로흐 전체를 대표하는 건물이라 할 수 있다. 랑엔 재단 미술관이 이곳에 지어지게 된 것은 미술품 수집가인 마리안느 랑엔이 뮐러를 찾아온 것이 계기가 되었다. 랑엔은 그들 부부의 컬렉션 전시관을 홈브로흐에 짓고 싶어했다. 뮐러는 안도 다다오를 소개하였다.

그리하여 얕은 연못 위에 콘크리트 박스가 떠 있고, 그 위를 다시 유리 상자가 에워싼 형태의 랑엔 재단 미술관이 탄생하였다. 2004년의 일이다. 미술관에는 앤디 워홀, 폴 세잔 등 서구 작가들의 작품 3백 점과 중세부터 현대에 이르는 일본 작품 5백여 점이 소장되어 있다.

라케텐슈타치온에는 이와 같은 방식이 계속 도입될 것으로 예견된다. 알바로 시자의 설계안은 오래전부터 건축주를 기다리고 있다. 남은 땅에 문화시설을 확충할 새로운 계획안도 마련되고 있다. 앞으로 30년에 걸쳐 단계적으로 프로젝트가 진행된다고 한다. 프로젝트 진행을 위해 바바라 호이든과 윌프리드 방에게 마스터플래너의 역할이 맡겨졌다.

지난 2005년 10월 뉴욕 건축센터 Center for Architecture 는 '예술-건축-랜드스케이프에서의 현장실험'이라는 제목으로 홈브로흐 프로젝트 전

홈브로흐의 새로운 랜드 마크가 된 랑엔 미술관.

시를 선보였다. 건축센터는 미국건축가협회에서 운영하는 국제적으로
명성 있는 건축전시 갤러리이다.

건축센터가 그해의 가장 중요한 전시로 홈브로흐 프로젝트를 선정
한 것은, 홈브로흐가 새로운 비전을 보여준 것을 높게 평가하였을 뿐
아니라, 탈냉전시대 문화운동의 한 징후를 발견하였기 때문이다.

건축센터는 홈브로흐에 지구적 차원의 컨텍스트를 부여하기 위
해 두 유사한 전시를 곁들였다. 하나는 헤이리 프로젝트이고, 다른

세계 예술마을은 무엇으로 사는가

하나는 미국 텍사스 주 마르파 재단의 사례였다. 헤이리는 남북한 군사분계선 가까이에서 예술마을 프로젝트가 진행되고 있는 점에서, 그리고 마르파는 군사기지였다가 문화시설로 바뀌고 있는 점에서 비교전시를 하게 되었다. 세 프로젝트 모두 예술과 건축을 공통분모로 추진되고 있는 점을 주목하였다.

인젤 홈브로흐에 보이는 자유는
실험을 두려워하지 않는 데서 나온다...
너무 일찍 타협하지 말라.

홈브로흐 프로젝트의 마스터플래너인 바바라 호이든의 말이다.

인젤 홈브로흐 가는 길

◎ Minkel 2, 41472 Neuss (Rhein-Kreis Neuss), North Rhine-Westphalia, Germany.

🚗 A57 고속도로 노이스-로이젠베르크 IC를 빠져나와 B477, L201 도로를 약 5킬로미터 달리면(인젤 홈브로흐 방향을 표시하는 갈색 표지판이 설치되어 있음), 인젤 홈브로흐 주차장에 도착.

🚌 노이스 시내에서 869, 877번 버스 이용.

ⓘ 관람, 가이드 투어 등의 정보는 http://www.inselhombroich.de 참조.

🏘 운터바흐 생태마을 : Am Langenfeldbusch 37, Düsseldorf.

문화로 꽃핀 일본 속의 유럽

가루이자와

일본
Japan

어느덧 아침저녁이면 높은 산에서
가을바람이 불어내렸다.
풀잎들이 단풍 들고 단풍 든 풀잎들은
바람 느낄 때마다 슬픈 휘파람을 일으켰다.

— 이태준

가루이자와輕井澤. 내게는 어느새 친근한 이름이다. 가루이자와 긴자, 세존 미술관, 메르시앙 가루이자와 미술관, 우치무라 간조 기념관, 짙은 낙엽송 숲길...

가루이자와의 무엇이 그곳을 세 번씩이나 찾게 만들었을까? 봄기운을 머금은 초목이 한창 기지개 켜며 움을 틔워올리던 가루이자와와의 첫 대면을 잊지 못해서일까.

일제시대에 이곳을 찾은 소설가 이태준은 장편소설 〈불멸의 함성〉에서 "풀잎들이 단풍 들고 단풍 든 풀잎들은 바람 느낄 때마다 슬픈 휘파람을 일으켰다"고 묘사했다. 이태준의 감상적인 표현만큼이나 가루이자와는 아름다웠다. 하늘을 찌르는 아름드리 낙엽송, 숲속에 점점이 박혀 있는 운치 있는 별장, 고원 마을의 풍모를 보여주는 소박한 거리, 맑고 깨끗한 공기...

신가루이자와에서 바라본 눈 덮인 아사마 산.

가루이자와의 장점은 무엇일까요. 서늘한 여름 날씨, 가을
단풍, 겨울의 아취, 신록이 아름다운 봄의 정경, 날짐승과
동물까지 감싸 안아주는 자연의 혜택일 것입니다. 소박함
속에서 우아함을 간직해 온 외국인 별장, 품격 높은 명건축물,
청교도 정신의 상징인 교회들. 가루이자와에는 동서고금
문화의 융합이 있고, 범접하기 어려움이 있고, 모두의 동경을
받던 지성과 고귀함이 있습니다. 조용히 자연과 벗하고
조용히 문화와 만나는 일, 그리고 스스로의 교양을 높이고
육체적으로 정신적으로 재충전하는 일. 이것이 가루이자와의
가루이자와다움 아닐까요.

세계 예술마을은 무엇으로 사는가

'가루이자와 르네상스'라고 하는 단체의 초대장에서 발견한 글귀다. 그들은 도처에서 '가루이자와다움'을 이야기하고 있었다.

단풍 든 풀잎이
슬픈 휘파람을 일으키는 곳

가루이자와는 전혀 일본답지 않은 곳이다. 그들 스스로 '일본 속의 서양'이라고 부른다. 일본인들의 서양 콤플렉스가 빚어낸 일종의 문화적 이종교배지다. 그러나 시작이야 어떠했든 거기엔 특별한 것이 있었다. 그들이 힘주어 말하는 '가루이자와다움'이 분명 있었다.

첫 번째 답사는 우연이었다. 어쩌다 뜻밖에 가루이자와를 만났고, 겁 없이 답사여행을 감행하였다. 그 감동이 짙었기에 몇 년 후, 그리고 십 수 년이 지난 다음 다시 가루이자와를 찾았다. 그들이 말하는 '가루이자와다움'을 더 느껴보고 싶었던 것이다.

1998년 2월, 헤이리 예술마을 창립총회가 개최되었다. 아직 헤이리라는 이름이 정해지기 전이다. 단체의 설립을 마쳤으니 한 번쯤 외국 사례를 견문해 보자는 의론이 대두하였다. 헤이리 같은 예술마을이 과연 가능할지 여전히 회의적인 분위기도 있었다. 주말을 이용해 가볍게 다녀올 수 있는 일본에서 방문 대상지를 찾기로 하였다.

대도시는 제외하였다. 헤이리의 가능성을 확인하기 위해서는 도시에서 멀리 떨어진 시골이어야 했다. 처음 검토한 곳은 도야마 현의 도가무라였다. 도가무라는 세계연극페스티벌을 개최하고, 일본을 대표하는 극단 SCOT가 상주하는 연극인 마을이다.

자료를 찾는 과정에서 화가 이서지 선생에게서 들은 말이 생각났다. 나가노 현인가에 고원조각미술관이 있는데, 한번 다녀올 만하다는 이야기였다. 우쓰쿠시가하라 고원미술관이었다.

우쓰쿠시가하라에 관한 정보를 얻기 위해 인터넷을 뒤졌다. 그러다가 가루이자와를 발견하였다. 순전히 덤이었다. 지도상으로는 도가무라, 우쓰쿠시가하라, 가루이자와 모두 가까운 거리였다. 세 곳을 한 번에 돌아보기로 하고 여행일정을 짰다. 그런데 미처 생각하지 못한 것이 있었다. 그 지역이 아주 험준한 산악지대였던 것이다. 도야마에서 가루이자와까지 이동하는 데 시간이 너무 많이 걸렸다. 게다가 우쓰쿠시가하라는 4월 말이나 되어야 문을 연다는 것이었다. 2천 미터 산정에 위치해 있어서 그때가 되어야 눈이 녹는다.

계획을 수정해 가루이자와 한 곳을 집중 답사하기로 하였다. 답사계획안을 가지고 몇몇 여행사에 문의하였다. 낭패였다. 문의한 여행사 중에는 가루이자와를 잘 아는 곳이 없었다. 한결같이 우리가 제시한 스케줄로는 진행이 어렵다는 반응이었다. 특히 숙박 문제를 힘들어 하였다. 비용도 예상보다 훨씬 많이 나왔다.

그럴 바에야 직접 도전해 보기로 하였다. 충분히 사전조사를 했기 때문에 자신이 있었다. 지금 생각하면 모험도 그런 모험이 없었다. 일행들이 누구인가? 우리나라에서 둘째 가라면 섭섭할 만큼 자주 여행을 다니는 문화계, 건축계 인사들이었다. 자칫 실수라도 생기면 얼마나 낭

세계 예술마을은 무엇으로 사는가

패일 것인가?

결국 의욕과 열정이 넘쳐서 그런 무모함을 선택했을 것이다. 항공권을 끊고, 전세버스를 섭외하고, 숙박지를 예약하는 모든 일을 직접 처리했다. 두 번째, 세 번째 답사 때는 해외 문화탐방 행사를 여러 차례 같이 진행한 여행사에 의뢰하였다. 부담이 없으니 그렇게 편할 수가 없었다. 그 대신 가루이자와에서 수십 킬로미터 떨어진 호텔에 묵어야 했다. 얻는 것이 있으면 잃는 것이 있기 마련이다.

기왕에 모험하는 것, 일본 현지 가이드도 두지 않았다. 생전 가보지도 않은 곳을 지도와 입수한 자료만 믿고 만용을 부렸던 것이다. 다행이었던 것은 일본 와세다 대학에서 가르치고 있던 김응교 교수를 초대한 일이었다. 김 교수도 가루이자와는 초행길이었다. 하지만 일본 현지사정을 잘 알기 때문에 큰 힘이 되었다.

나리타 공항에서 김 교수와 합류하였다. 약속장소에서 버스가 기다리고 있었다. 곧바로 가루이자와를 향해 출발하였다. 꽤 먼 길이었다. 정오 조금 지나 버스에 올랐는데 가루이자와에 도착하니 저녁 무렵이었다.

도중에 김 교수는 마이크를 잡고 일본사회와 일본문화에 대한 명강의를 펼쳤다. 본디 그는 시인이었다. 국내에서 여러 권의 책도 출간하였다. 일본에서는 한국문학을 가르치고 있었다. 그렇기 때문에 누구보다 참신한 관점에서 일본사회를 바라볼 수 있는 위치에 있었다. 우리 일행은 누구라 할 것 없이 그의 팬이 되었다. 여행일정 내내 그는 틈만 나면 마이크를 잡아야 했다.

우리를 태운 버스는 고속도로를 달렸다. 좋이 네 시간은 달렸을 것이다. 어느 순간 가파른 고개를 오르기 시작하였다. 주위에는 높은 산들이 병풍처럼 막아서 있었다. 굼마 현에서 나가노 현으로 넘어가는 산악지대였다.

고갯마루에 거의 올라서야 버스는 고속도로를 빠져나왔다. 고속도로를 벗어나니 길이 마치 하늘을 향해 솟구친 듯했다. 절벽에 매달린 듯한 길을 오르느라 마지막 안간힘을 쓰고 나서야 버스는 평온을 되찾았다. 이내 경관이 바뀌었다. 완만하고 목가적인 시골길이었다. 그렇게 힘들게 고갯길을 올라왔건만 다시 내려가는 기색이 느껴지지 않았다. 고원지대라는 게 실감났다. 가루이자와는 해발 1천 미터 가까운 고원이었던 것이다.

주위의 모습이 몹시 평화로웠다. 군데군데 골프 코스가 보였다. 예전의 가루이자와는 테니스 코트가 유명했다. 테니스는 한동안 상류사회의 운동이었다. 오늘의 가루이자와는 사계절 휴양지로 변했다. 수십 개의 골프장과 스키장이 들어섰다. 스케이트장도 여럿이다. 나가노 동계 올림픽이 열렸을 때 컬링 경기가 진행된 곳이 가루이자와다.

우리는 가루이자와 긴자에서 내렸다. 이미 어둑해지고 있었지만 잠시나마 가루이자와를 맛보는 시간을 갖기로 했다. 한바탕 소나기가 휩쓸고 간 모양이었다. 길바닥이 축축이 젖어 있었다.

'가루이자와 긴자'. 재미있는 이름이다. 도쿄의 긴자에서 유래한 이름이다. 그만큼 화려한 거리라는 뜻일 것이다. 제1차 세계대전 후 일본 사회는 큰 호황을 맞이하였다. 여유 넘치는 상류층이 가루이자와를 찾기 시작하였다. 가루이자와는 초기의 소박한 모습에서 화려함이 넘치

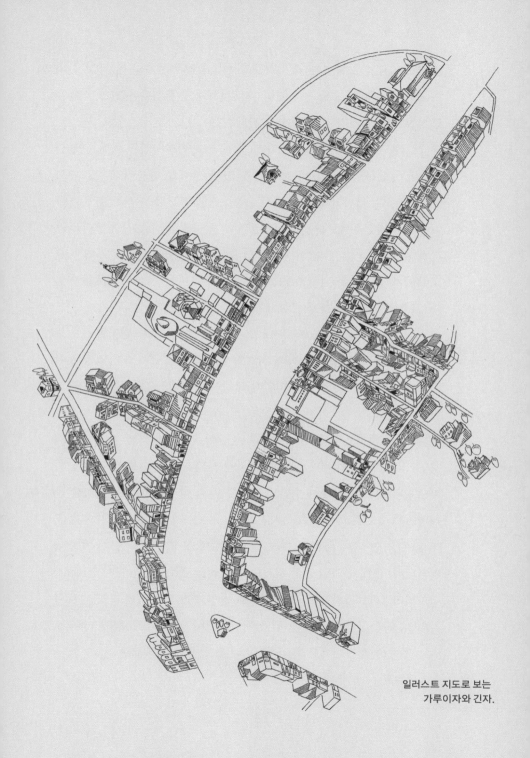

일러스트 지도로 보는
가루이자와 긴자.

는 별장지로 변모하였다. 피서객들의 수요에 부응하기 위해 도쿄 긴자와 오사카 등지의 고급 상점들이 가루이자와에 분점을 열었다. 이렇게 하여 형성된 거리가 '가루이자와 긴자'이다.

거리는 한산했다. 평일인데다 비가 온 다음이라서인 듯했다. 건물의 모습에서 연륜이 묻어났다. 대부분 단층 혹은 이층 건물이었다. 크기도 아주 작았다. 거리의 끝 지점에서 고풍스러운 여관을 발견하였다. 가루이자와를 방문한 명사들이 가장 즐겨 찾은 곳의 하나였다. 쓰루야라는 간판이 걸려 있었다. 거리의 길이는 아주 짧았다. 8백 미터라고 하는데, 그만큼의 길이로 느껴지지 않았다. 건물이 끝나는 지점부터는 숲이었다. 그곳에서 발걸음을 돌렸다.

첫 느낌은 쓸쓸함이었다. 지나친 기대 때문이었을까? 겉멋이 들어서였을까? 우리가 지나치게 화려한 것에 익숙해서 그렇기도 하였을 것이다. 가루이자와의 특징인 소박함과 그것이 뿜어내는 은근한 향기를 느끼는 데는 좀더 시간이 필요하였다.

호텔로 향하였다. 롱잉하우스라는 방이 30여 개 되는 작은 코티지 호텔이었다. 숲속에 외따로 있었다. 가루이자와는 모든 곳이 이랬다. 가루이자와 긴자나 기차역 주변도 도로를 따라 상점들이 늘어서 있을 뿐 시가지를 형성하고 있는 것은 아니다.

넓은 자연 속에 주택과 별장, 문화시설이 산재해 있는 곳이 가루이자와였다. 그래서 사람들은 걷거나 자전거를 탄다. 호텔에는 자전거가 비치되어 있었다. 다음날 우리 일행의 상당수는 자전거를 타고 가루이자와의 새벽 공기를 즐겼다. 김호근 선생 같은 이는 그 느낌이 너무 좋았던지 나중에 자전거를 타러 한 번 더 오고 싶다고 하였다.

세계 예술마을은 무엇으로 사는가

저녁식사는 호텔 내의 레스토랑에서 들었다. '르 레브'라는 이름의 프랑스식 레스토랑이었다. 호텔 규모에 비해 세련되고 품격이 있었다. 식사를 즐기러 들르는 손님도 꽤 되는 모양이었다.

그곳에서 사흘을 묵었다. 비수기라서 우리가 호텔을 전세 낸 느낌이었다. 마침 클래식한 분위기의 넓은 라운지 바가 있어서 우리는 저녁마다 그곳에서 모임을 가졌다. 가볍게 술을 한잔씩 나누면서 헤이리를 어떻게 만들어갈지 토론하곤 했다.

다음날부터 본격적인 가루이자와 탐색에 나섰다. 우리가 가루이자와를 찾은 것은 이곳에 미술관, 박물관, 갤러리 같은 문화시설이 많기 때문이었다. 작가들의 스튜디오도 많다. 행정단위가 군郡 아래의 마치町였기 때문에 이곳을 하나의 문화마을로 이해하고 세운 계획이었다.

막상 현지에 도착하고 보니 가루이자와는 생각보다 넓었다. 우리나라의 군 크기는 되는 것 같았다. 자연히 문화시설은 넓은 지역에 흩어져 있었다.

비교적 밀집도가 높은 곳은 가루이자와 긴자에서 가루이자와역에 이르는 길 주변이었다. 가루이자와 긴자는 제일 먼저 형성되었다 해서 구가루이자와로 불린다. 신간선이 개통되면서 가루이자와역 부근의 신가루이자와에 호텔과 아울렛몰 등이 늘어나고 있다.

구가루이자와와 신가루이자와 일대에서 주로 볼 수 있는 문화시설은 갤러리와 공방이었다. 갤러리들은 이 지역 여기저기에 흩어져 있었다. 공방이나 문화상품 판매점이라고 해야 할 곳들도 갤러리 간판을 달고 있었다. 갤러리다운 갤러리는 눈에 띄지 않았다.

돌의교회. 교회 건물 안에 우치무라 간조 기념관이 들어 있다.

갤러리나 공방은 특색 있는 카페들과 사이좋게 이웃해 있었다. 카페 거리라고 해야 맞을 것 같았다. 사람이 밀집하는 곳이다 보니 상업적인 시설들이 들어서게 되었을 것이다. 또 하나의 특색은 농산물 가공식품을 파는 가게였다. 가게의 수효도 많고 상품 가짓수도 다양했다.

가루이자와의 대표적인 문화시설은 미술관과 박물관이었다. 20곳 남짓 되었다.

가장 인상 깊었던 곳은 두 번째 방문시 찾아간 세존 미술관이었다. 아사마 산이라는 활화산으로 넘어가는 깊은 산골짜기에 자리잡고 있어서 쉬 찾기 어려운 곳이다. 멀리 떨어진 주차장에 차를 세우고 진입로를 걸어 들어갈 때까지만 해도 그다지 큰 기대는 갖지 않았다.

미술관 경내로 들어서기 위해서는 작은 내를 건너야 했다. 그 위에 철다리가 놓여 있었다. 군더더기 장식이 배제된 하나의 철 오브제였다. 예감이 좋았다.

미술관 안으로 들어선 우리는 눈이 둥그레졌다. 놀라웠다. 잭슨 폴록, 루시오 폰타나, 이브 클랭, 바실리 칸딘스키, 만 레이, 재스퍼 존스, 마크 로스코, 샘 프랜시스, 안젤름 키퍼, 재스퍼 존스, 로이 리히텐슈타인, 앤디 워홀... 마치 현대미술을 대표하는 거장들을 총집합해 놓은 것 같았다. 전부 오리지널 대작들이었다. 두 개 층으로 이루어진 미술관을 다 돌 때까지 벌어진 입을 다물지 못했다.

세존 미술관은 본래 도쿄에 있었다고 한다. 다카나와 미술관이라는 이름으로 일본 전통미술품을 수집 전시하였다. 그러다가 현대미술로 방향전환을 한 것이었다. 방향전환과 함께 1981년에 미술관을 가루이자와로 옮겼다. 당시만 해도 가루이자와는 도쿄에서 기차를 타고 4시

세계 예술마을은 무엇으로 사는가

간을 가야 하는 오지였다. 최첨단 현대미술과 두메산골은 아무래도 어울리지 않는다.

세존 미술관은 가루이자와로 옮겨가면서 '진정한 애호가를 만족시키는 현대미술'을 표방하였다. 시류에 영합하지 않는 성숙한 관객이라면 장소를 불문하고 찾아온다는 믿음이 있었다. 긴 호흡으로 시대정신을 짊어지는 거점이 되고 싶었던 것이다. 일본 작가 가운데서는 현대 일본미술을 움직인 전위작가들에 주목하였다. 아라카와 슈사쿠, 우사미 게이지, 나카무라 가즈미, 도모토 히사오 같은 작가들이다.

뜻밖의 좋은 미술관을 만난 즐거움에 발걸음이 경쾌해졌다. 그 정도의 컬렉션이면 세계 어느 미술관에 견주어도 꿀릴 게 없어 보였다. 도쿄도 오사카도 아닌 깊디깊은 시골 구석에 그런 미술관이 있다는 게 믿기지 않았다.

박여숙갤러리를 운영하는 박여숙 사장과 디자인포커스 구정순 사장은 여행중에 필자에게 도쿄 인근에 좋은 미술관이 있다는데 일정에 포함되어 있느냐고 물었다. 아마도 도쿄를 거쳐 가루이자와를 들른다 하니 지인 가운데 누군가가 그 이동동선 어디쯤에 꼭 들러야 할 미술관이 있다고 귀띔해 주었던 모양이다. 확신하건대 그곳은 다름아닌 세존 미술관이었을 것이다.

세존 미술관이 국제적으로 널리 알려진 미술관이라는 것을 나중에 알게 되었다. 홍익대학교 문화예술MBA 학과장을 맡고 있던 조명계 교수에게서 학생들과 함께 나가노 답사를 다녀올 계획이라는 이야기를 듣고, 가루이자와에 있는 세존 미술관을 일정에 포함하면 좋을 것 같다고 했더니, 다름아닌 바로 그곳이 답사 예정지라는 것이었다. 조교수는 오랫동안 소더비에서 일한데다 현대미술과 미술시장 전문가라서 세계 각지 미술계에 대한 정보가 밝았다.

메르시앙 가루이자와 미술관도 기억에 남는 곳이다. 우선 발상이 신선했다. 위스키 공장의 경내에 미술관이 자리잡고 있었다. 위스키 저장고로 사용되던 건물을 개수한 것이었다. 우리가 방문하였을 때는 프랑스 낭시 미술관의 작품을 임대해 전시하고 있었다.

메르시앙 가루이자와 미술관의 특징은 미술관 숍이었다. 가나아트센터를 설계한 건축가 빌모트가 설계하였다. 프랑스 내의 미술관에서밖에 구입할 수 없다고 하는 미술관 상품을 팔고 있었다. 놀라웠던 것은 아트 상품에서부터 식음료에 이르기까지 자체 브랜드를 붙인 숱한상품을 개발해 진열해 두고 있는 점이었다. 단순히 상업성의 발로라고치부할 일은 아니었다. 가루이자와의 중심에서 꽤 멀기 때문에, 지나가다 우연히 들를 수 있는 곳이 아니기 때문이었다. 안타깝게도 메르시앙가루이자와 미술관은 2011년에 문을 닫았다.

가루이자와다움
: 일류와 이류의 차이를 가르다

우리는 가루이자와 첫 방문시의 일정을 탈리에신이라는 곳에서 시작하였다. 우리 식으로 말하자면 가족 유원지쯤 되었다. 이곳에 몇 개의 작은 미술관들이 모여 있어서 방문하게 된 것이었다. 서울에서 미리 방문 약속을 잡아두었던 터라, 탈리에신 개발자인 후지마키 사장이 우리를 영접해 주었다. 그에게서 가루이자와와 탈리에신 설명을 들을 수 있었다.

우리는 가루이자와가 배양해 온 문화를 지키고 발전시킨다는
뜻에서 이곳을 탈리에신이라고 이름지었습니다.
탈리에신은 웨일스의 음유시인입니다.
이곳에 있는 건물들은 대부분 역사적 가치가 있는 것들입니다.
사라질 위기에 처한 것들을 이곳으로 옮겨와
보존하고 있습니다. 이축된 건물들은 미술관으로 사용되고
있습니다. 우리는 가루이자와의 자연과 함께 역사 문화적
자산을 보호 육성하기 위해 노력하고 있습니다.

건축가 프랭크 로이드 라이트는 미국 위스콘신 주에 세운 자신의 아틀리에 탈리에신이란 이름을 붙였다. 예술적 이상향을 추구하고 있던 라이트에게 십수 세기 전에 예술의 영광을 노래한 것으로 구전되어 온 웨일스 음유시인의 이름이 가슴에 와닿았던 모양이다.

가루이자와 탈리에신은 바로 프랭크 로이드 라이트의 탈리에신에서 이름을 따왔다. 그곳에는 인공으로 조성한 호수를 끼고 가루이자와 고원문고, 페이네 미술관, 후카자와 고코 들꽃미술관 등이 있다.

페이네 미술관은 프랑스 화가 레이몽 페이네의 작품을 전시하는 작은 미술관이다. 건축가 안토닌 레이몬드가 설계해 자신의 별장으로 사

1

2

3

1 탈리에신 안에 자리한 페이네 미술관.
2 1886년에 지어진 쇼 기념 예배당과 알렉산더 쇼 선교사의 흉상.
3 가루이자와 긴자. 주말에는 인파로 넘친다.

용하던 것을 옮겨온 것이다. 레이몬드는 프랭크 로이드 라이트의 제자이면서 건축가 요시무라 준조의 스승이다. 한국을 대표하는 건축가 김수근은 요시무라 준조에게서 건축을 배웠다.

가루이자와에는 요시무라의 별장으로 사용되던 건물이 남아 있다. 우리는 동행한 건축가 오기수 선생의 안내를 받아 요시무라의 별장 건물을 구경할 수 있었다. 별장은 구가루이자와에서 숲길을 한참 걸어 올라간 자리에 위치해 있었다. 우리 일행 중에는 문신규, 원대연, 이상연 소장 같은 건축가들이 여럿 포함되어 있었다. 이분들의 김수근 선생에 대한 애정이 각별해서 덕분에 한가로이 낙엽송 숲길을 걷는 즐거움을 맛보았다.

별장촌은 가루이자와의 원형질 같은 곳이다. 가루이자와를 일본의 대표적인 피서지로 만든 알렉산더 쇼 선교사의 쇼 하우스 같은 역사적인 건물에서부터 지금도 사용되는 별장들이 숲속 곳곳에 고즈넉이 자리잡고 있었다. 숲이 하도 울창해서 별장촌의 전모를 알기는 어려웠다. 갈림길에서 만나는 작은 이정표들이 꽤 많은 별장이 숲속에 있음을 짐작하게 해줄 뿐.

요시무라의 별장은 비어 있었다. 실례를 무릅쓰고 마당으로 들어가 집 주위를 둘러보았다. 그곳에서 한동안 머물며 기념사진도 찍었다. 요시무라는 한국의 미에 매력을 느꼈던 모양이다. 대문이라 할 수 있는 입구가 제주도 특유의 정낭 모습을 하고 있었다.

가루이자와는 예로부터 문인들의 사랑을 받던 곳이다. 많은 문인들이 이곳에 머물면서 창작활동을 했다. 가루이자와 고원문고는 이곳을 무대로 활동했던 문인들의 육필원고, 초판본, 편지 등의 자료를 전시하고 있는 곳이다. 고원문고 정원에는 호리 다쓰오와 아리시마 다케로의 별장이 이축 복원되어 있다. 호리 다쓰오는 가장 오랫동안 가루이자와에 머물렀고, 가루이자와를 대표하는 작가이다. 가루이자와의 한 지역이라고 할 수 있는 오이와케에는 그의 문학기념관이 있다. 작가가 생전에 쓰던 그대로 장서며 집필도구며 가구 등을 보존해 두고 있었다.

후카자와 고코 들꽃미술관은 화가 후카자와의 개인미술관이다. 그는 평생 가루이자와의 들꽃만을 그렸다. 미술관 옆에는 메이지40년관이라는 이름의 이축해 온 건물이 나란히 놓여 있다.

가루이자와 그림책박물관은 고원문고 바로 이웃에 자리하고 있다. 그림 형제, 안데르센, 도로시 라즈로프, 프로벤센 부부를 비롯한 세계의 그림책 원화와 초간본을 전시하고 있었다.

어찌 보면 탈리에신은 가루이자와의 축약된 모습이다. 상업적인 공간이면서도 문화시설을 갖추고 있다. 물길을 끌어들이고, 나무 보도를 만들고, 연못을 만들고, 자연습지를 조성해 둔 모습에서 청정한 자연을 지키고 가꾸어가려는 노력이 엿보였다. 보존할 가치가 있는 건물을 옮겨와 미술관으로 사용하는 것도 본받을 점이었다.

이 같은 정신은 가루이자와 전체에서 발견할 수 있다. '가루이자와 주민헌장'을 보면 분명해진다.

> 우리는 웅대한 아사마 산의 품에 안긴 고원마을 가루이자와의
> 주민이다. 우리는 국제친선문화 관광도시의 주민에 걸맞은
> 세계적 시야와 미래에 대한 전망에 입각해 여기 주민헌장을
> 제정한다.

세계 예술마을은 무엇으로 사는가

하나. 세계에 자랑할 만한 깨끗한 환경과 풍속을 지켜가자.

하나. 모든 손님들을 따뜻한 마음으로 맞이하자.

하나. 향기 높은 전통과 문화를 육성하자.

하나. 푸르른 고원의 자연을 사랑하자.

하나. 밝은 가정이 충만한 고장을 만들어가자.

너무 소박해서 감동적이라고 하면 지나친 표현일까? 이같이 소박한 헌장이 제정된 것은 가루이자와의 태생과 관련이 있다. 가루이자와를 피서지로 개발한 것은 서양인 선교사들이었다. 130여 년 전의 일이다. 그래서 주민헌장에 보이는 청교도적인 정신이 가루이자와의 전통과 역사를 관류하게 된다.

한편으로 생각해 보면 가루이자와는 탄생부터 기형적이었다. 일본 속의 소유럽이었다. 일본인들이 서양 베끼기에 좀 열중하였던가? 가루이자와에서는 더욱 심하였다. 건축 양식, 먹거리, 생활모습 전반에서 서양 베끼기가 진행되었다. 이는 지금도 가루이자와를 다른 지역과 구분 짓게 하는 주요한 특징이다.

그렇지만 그들은 서양을 베끼면서 자기 것을 만들어나갔다. 그들이 애써 강조하는 '가루이자와다움'이 다름아닌 그것일 터이다. '가루이자와다움'은 미술관, 박물관, 갤러리, 공방, 아트숍을 넘어 레스토랑과 카페에까지 확장된다. 흔한 외식 프랜차이즈 한 군데 눈에 띄지 않았다. 레스토랑과 카페는 한결같이 작고 소박했다. 메뉴는 고원지대의 청정 농산물을 사용해 직접 만든 것들이 대부분이었다.

야채와 곡식의 생명력을 느껴본 적이 있습니까?

코쿤티가든에서는 각 계절마다 이 땅이기 때문에 맛볼 수 있는
음식을 중요하게 생각합니다. 같은 재료라도 수확시기와 날씨에
따라 빛깔과 크기가 다르고, 각기 다른 맛을 냅니다.

맛이 가장 좋을 시기에 최적의 방법으로 음식을 제공하고 싶은
생각에서, 농작물 하나하나를 정성껏 키우고 관리하는
자영농원도 만들었습니다. 가루이자와이기 때문에 만날 수
있는 음식을 맛보십시오.

한 레스토랑의 홈페이지에서 발견한 내용이다. 이 레스토랑뿐이 아
니다. 눈에 띄는 거의 모두가 가루이자와만의 독특한 음식문화를 만들
기 위해 노력하고 있음을 알 수 있었다.

피서지 가루이자와에는 차츰 문화적 색채가 가미되었다. 봄의 신록
제, 여름 음악제, 가을 단풍제, 겨울 얼음축제 등 문화행사가 개최되기
시작하였다. 비틀즈 단원이었던 존 레논을 추모하는 축제와 갖가지 문
학축제도 열린다. 이들 축제는 회를 거듭할수록 규모가 커지고 관광객
의 증가도 괄목해졌다. 아름다운 자연과 많은 사람들이 즐겨 찾는 곳
이라는 요소에 힘입어 민간 문화시설도 차츰 늘어갔다. 세존 미술관 같
은 곳은 도쿄에서 이곳으로 터전을 옮겨왔다.

세존 미술관에서 비교적 가까운 거리인 중가루이자와에는 다자키
미술관이 있다. 산을 주로 그린 화가 다자키의 유지에 의해 건립된 개인
미술관이다. 아사마 산, 아소 산 등 웅대한 산들을 그린 작품이 전시되
어 있다. 건축은 교토역 복합쇼핑몰을 설계한 하라 히로시의 작품이다.

세계 예술마을은 무엇으로 사는가

우리가 관심 있게 보았던 곳 중의 하나는 우치무라 간조 기념관이었다. 다자키 미술관의 지근거리에 있다. 무교회주의자로서 일본 기독교계의 지도적 사상가였던 우치무라 간조의 공적을 기념해 세워졌다. 우치무라는 함석헌 선생에게 영향을 준 인물이다. 독립건물이 아니고 '돌의 교회'라는 자그마한 교회 안에 자리하고 있었다. 이렇게 몇 가지 안 되는 전시물을 가지고 기념관이라고 할 수 있을까 싶게 소박한 공간이었다. '돌의 교회'는 주름진 달팽이 껍질 모양의 독특한 모습이었다. 프랭크 로이드 라이트의 제자인 켄트릭 켈로그가 설계하였다.

우리가 이곳을 방문하였을 때는 교회에서 결혼식이 거행되고 있었다. 일본은 기독교인이 아주 적다. 그래서 신도도 목사도 없는 교회가 꽤 된다. 가루이자와의 교회들은 특별한 결혼식을 원하는 젊은 예비부부들의 결혼식장으로 사랑받는다고 한다.

가루이자와의 상징적인 건축물인 '가루이자와 성바오로가톨릭교회'도 결혼식장으로 인기가 높다. 안토닌 레이몬드가 설계하였는데, 문화재급으로 치는 모양이었다. 레이몬드는 40여 년을 일본에서 활동하였다. 그의 문하에서 요시무라 준조뿐 아니라 마에카와 구니오 등 일본 건축계의 거장들이 배출되었다. 목조로 엮은 간결한 구조가 인상적이었다. 가루이자와 긴자 안쪽의 이면도로에 위치하고 있다.

세 번째 방문하였을 때 보니 성바오로가톨릭교회 주변은 결혼식장 거리처럼 변해 있었다. 결혼 전문 숍이 몇 군데 들어서 있는 것이 눈에 띄었다. 마침 교회에서는 결혼식이 열리고 있었다. 우리 일행은 교회를 배경으로 사진만 몇 장 찍고 발걸음을 돌려야 했다.

시간이 충분치 못한 방문객들은 구가루이자와 근방에서 몇 개의 소

가루이자와 성바오로가톨릭교회. 결혼식장으로 인기가 높다.

형 미술관을 방문할 수 있다. 서양화가 와키다의 작품을 전시하고 있는 와키다 미술관이 그중 큰 편이다. 가루이자와 보헤미안 미술관은 입장료가 비쌌던 게 기억에 남는다. 한 사람 입장료가 우리 돈 2만원 가까이 되었다. 체코 보헤미안 지방의 유리공예품을 소장하고 있었다. 구가루이자와숲 미술관은 특수잉크를 사용해 벽에서 손과 발이 튀어나오는 듯한 형태를 보여주는 트릭 아트 미술관이다. 와키다 미술관 건너편에는 가루이자와 뉴아트 뮤지엄이 새로 둥지를 틀었다. 전후 일본 현대 미술의 흐름을 살펴볼 수 있는 미술관이다.

같이 여행하였던 디자인하우스 이영혜 사장은 귀국 후 《행복이가득한집》에 기행문을 썼다. 거기 이런 구절이 보인다.

> 일류와 이류의 차이는 옷으로 말하면 고운 바느질, 안감처리,
> 단추 등 사소한 것에서 달라진다. 이들은 도시 전체에서 자연을
> 거스르지 않는 토털 코디네이션을 작은 것에 이르기까지
> 잊지 않고 행한다. 또 관광의 필수인 먹거리도 고급문화의
> 수준이다. 계절의 섬세한 미각을 담은 메뉴를 다양하게
> 개발해 놓은 것도 수준급이다. 이러한 세세한 노력은 살펴보면
> 얼마든지 있다. 이들은 내셔널 트러스트National Trust를 결성,
> 자연환경, 역사적 유물, 민족문화, 생활문화 관련 조사 연구 및
> 보존에 힘쓰기도 한다.

이런 노력이 결실을 이루어 가루이자와에는 연간 1천만 명의 관광객이 찾아든다. 젊은이들이 친교와 삶의 재충전을 위해 몰려오고, 신혼

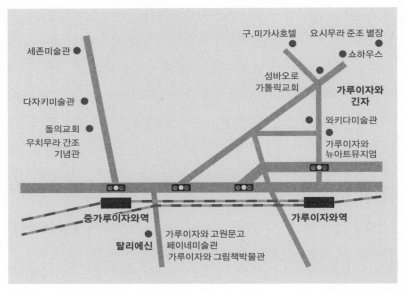

가루이자와 지도.

여행과 수학여행지로도 으뜸가는 곳이 되었다.

가루이자와에서 가장 부러웠던 것은 천혜의 자연환경이었다. 하늘을 찌를 듯이 빽빽한 낙엽송 숲, 그 속에서 어슬렁거리는 원숭이들, 숲과 하나가 된 건물들...

가루이자와는 헤이리처럼 인위적으로 만들어지는 곳과는 거리가 있다. 한 세기가 넘는 세월 동안 자연스레 발전되어왔으며, 영역도 무척 넓다. 아마도 헤이리 사람들이 가루이자와에서 얻은 것이 있다면 자신감 아닐까 싶다. 도쿄에서 네 시간이나 걸리는 외딴 산골에서도 문화의 꽃이 피어날 수 있음을 직접 보았던 것이다.

지금은 신간선이 개통되어 한 시간 남짓이면 도쿄에 닿는다. 그런데

세계 예술마을은 무엇으로 사는가

역설적이게도 교통의 편리함이 가루이자와의 특성을 훼손하고 있다는 우려의 소리가 높다. 가루이자와의 자연이 파괴되고, 무미건조한 건물이 들어서고, 상업주의가 고개를 들고, 교통 혼잡이 발생하고 있는 것이다.

남의 이야기가 아니다. 헤이리도 벌써 그런 형국으로 치닫고 있다. 과연 해법은 없는 것인가? 마음이 무거웠다.

2천 미터 산정에서 만난 우쓰쿠시가하라 고원미술관

두 번째 가루이자와를 방문했을 때 자전거를 타지 못한 것이 못내 아쉬웠다. 그렇지만 2천 미터 산정에 위치한 우쓰쿠시가하라 고원미술관을 방문하는 또 다른 즐거움이 우리를 기다리고 있었다.

가루이자와에서 우쓰쿠시가하라 고원을 가는 길은 그리 녹록지 않았다. 한동안 고속도로를 달리던 버스가 지방도로로 내려섰다. 사방이 산이었다. 협곡을 건너 가파른 지그재그 산길을 오르기 시작했다.

그러더니 잘 포장된 길을 벗어나 임도 같은 좁은 길로 들어섰다. 갈수록 숲이 울창해졌다. 늘어진 나무가 버스 모서리를 스쳤다. 길을 잘못 든 것 같았다. 주위에 인가는 전혀 눈에 띄지 않았다. 버스를 돌릴 수조차 없는 길이었다. 불안해졌다. 그런데도 운전기사는 아랑곳하지

2천 미터 산정에 자리한 우쓰쿠시가하라 고원미술관.

않고 계속 앞으로 나아가는 것이었다. 경사는 점점 심해졌다.

그렇게 가슴 졸이며 얼마를 달렸을까. 숲속에서 자동차 소리가 나는 것 같더니 아스팔트 포장도로가 툭 하고 튀어나왔다. 안도의 한숨이 절로 나왔다. 겨우 진정된 가슴을 쓸어내렸다. 모험을 즐긴 운전기사 덕분에 스릴 만점의 드라이브를 맛보았다. 아마도 평생 이 같은 일은 다시 없지 싶다.

큰길로 나와서도 버스는 가파른 길을 숨 가쁘게 기어올랐다. 점점 사방이 틔어왔다. 이윽고 정상에 다다랐다. 산정에 넓은 평지가 형성되어 있었다. 버스는 산정을 끼고 반대편 쪽으로 나아갔다. 다른 쪽 방향에서 산정으로 이어진 자동차도로와 합류하니 곧바로 주차장이었다.

세계 예술마을은 무엇으로 사는가

버스에서 내렸다. 가슴이 뻥 뚫리는 듯했다. 수십 킬로미터는 떨어졌음 직한 남쪽 저 멀리 구름 사이를 한 줄기 산맥이 지나가고 있었다. 그 사이의 하늘과 땅은 텅 비어 있었다.

표를 끊은 다음 미술관 안으로 들어섰다. 먼저 산책로를 걸으며 조각품을 감상하기로 했다. 도처에 작품이 널려 있었다. 대형 작품들이 많았다. 헨리 무어와 세자르의 작품이 눈에 띄었다. 일본 작가들의 작품이 대부분이었다. 지도에 표시된 동선을 따라 발걸음을 재촉하였다.

산봉우리 하나가 통째로 야외 조각미술관이었다. 날씨가 춥고 바람이 센 곳이라서 관목 한 그루 보이지 않았다. 온통 짙은 풀밭이었다.

입구에서 가장 먼 곳까지 갔다. 지대가 제일 높았다. 구름 사이로 먼 산의 연봉이 보였다. 방향을 틀어도 같은 풍경이었다. 저게 후지 산일까? 저쪽은 일본 알프스라고 하는 곳이겠군. 짐작해 볼 뿐이었다. 먼 산맥을 빼고는 사방이 발 아래였다. 구름 때문에 가까운 골짜기 안의 도시와 마을 모습은 잘 보이지 않았다.

대자연의 위용 앞에 갑자기 초라함이 느껴졌다. 가까운 벤치에 앉았다. 해발 2천 미터, 이 높은 산 위에 무엇 하러 이런 큰 미술관을 만들었을까? 인간의 만용일까, 자연에 대한 경배일까? 하코네 '조각의숲' 미술관의 자매미술관이라니까, 나름의 깊은 생각이 있었을 것이다. 그러면서도 헨리 무어가 이 미술관을 두고 했다는 아래의 표현에 고개가 쉬 끄덕여지는 것은 아니었다.

자연 속에서 햇빛으로 목욕하고 비 맞으며 구름과 놀 때,
사람과 조각이 삶과 일체가 되어 있음을
불현듯 느끼게 될 것이다.

가루이자와 가는 길

◎	長野県北佐久群軽井沢町
🚆	도쿄역이나 우에노역에서 호쿠리츠 신칸센을 타고 가루이자와역 하차. [우에노역에서 1시간 소요]
🚌	도쿄 이케부쿠로 선샤인프린스호텔과 이케부쿠로역 히가시구치에서 고속버스 운행. [3시간 20분 소요]
🚗	간에쓰 자용차도와 조신에쓰 자동차도를 이용한 다음 우스이가루이자와 IC를 빠져나옴.
🌐	karuizawa-kankokyokai.jp / www.karuizawa.co.jp

우쓰쿠시가하라 고원미술관 가는 길

◎	長野県上田市武石上本入美ヶ原高原
🚗	도쿄에서 주오 자동차도를 타고 스와 IC를 이용하는 게 가장 빠름. [신주쿠에서 3시간 40분 소요]
🚆🚌	도쿄 신주쿠역에서 주오혼센 기차를 타고 마쓰모토역에서 내린 다음, 우쓰쿠시가하라 고원 행 버스 승차.
ⓘ	개관시기 : 5월 ~ 10월 중순(동절기에는 폐관).
🌐	www.utsukushi-oam.jp

샤갈과 피카소가 사랑한 성채마을

생폴드방스

프랑스
France

내게 가장 흥미로운 것은 정물도 풍경도 아니다.
그것은 인간의 형상이다.

— 마티스

반 고흐, 폴 세잔, 알퐁스 도데, 장 지오노, 피터 메일, 레이디 포테스
큐. 공통점이 느껴지지 않는다고? 그도 그럴 것이. 내게 프로방스를 알
려준 사람들일 뿐이니.

  1990년 무렵이었을 것이다. 장 지오노와 피터 메일이라는 이름을 동
시에 만났다. 지오노의 《나무를 심은 사람》L'homme Qui Plantait Des Arbres,
메일의 《프로방스에서의 1년》A Year In Provence이라는 책을 통해. 아직
한글본이 나오기 전이었다. 당시 나는 출판기획 일을 하고 있었다. 그래
서 외국에서 출간되는 책의 흐름을 다소나마 파악하고 있었다.

  《프로방스에서의 1년》은 묘한 느낌을 불러일으켰다. 프로방스의
어떤 매력이 영국 출신의 이방인을 남프랑스의 외딴 시골구석에 붙들
어두었을까 궁금증이 이는 것이었다. 우리네 시골 정취와 크게 다를 것
없는 책 속의 이야기만으로는 실감이 부족했다.

  어려서 읽은 도데의 작품들과 맥이 통하는 《나무를 심은 사람》 역

시 신비한 마력으로 나를 끌어당겼다. 허구의 이야기임에도 사실보다 더 호소력 짙게 느껴졌다.

작렬하는 태양, 쪽빛 바다, 지천으로 널린 라벤더 밭, 고흐의 그림 속에서 꿈틀대며 불타오르던 올리브나무 숲...

환영幻影이라도 좋았다. 한번쯤 그 이국적 정취에 취해 보고 싶었다. 그리스로 달려간 시인 바이런이나 스페인을 도우러 대서양을 건넌 소설가 헤밍웨이처럼 큰 뜻을 품지 못했다 한들 무슨 대수일까.

프로방스를 향한 연정은 한동안 속절없는 짝사랑이었다. 괴테의 말처럼 "살아가기 위해 우리는 너무 많은 준비를 한다." 일탈을 꿈꾸면서도 쉬 세속의 집착을 끊지 못하는 것이다.

그렇게 십 수 년이 흘렀다. 그동안 헤이리 만들기에 동참했고, 헤이리의 밑그림을 그리느라 동분서주했다. 헤이리의 청사진을 구체화해 가는 과정에서 프로방스 답사 이야기가 튀어나왔다. 헤이리의 기본 골격이야 이미 다 마련된 상태였지만, 그래도 거기에 살을 보태고 옷을 입히고 하기 위해서는 좀더 넓은 견문이 필요했던 것이다.

프로방스와 빌바오를 묶는 답사계획을 세웠다. 남프랑스의 동쪽 끝에서 시작해 스페인의 바르셀로나를 거쳐 빌바오까지 이어지는 대장정이었다. 큰 줄기는 니스, 아비뇽, 바르셀로나, 빌바오로 잡았다.

이동하는 길 언저리의 예술가마을을 찾아보았다. 생폴드방스, 카스티용, 발로히, 르 크레스테, 몽톨리외... 프랑스 예술가마을의 정보는 파리에 사는 디자이너 이화열 씨에게서 도움을 얻었다. 인터넷을 뒤지고, 한국예술종합학교 김종규 교수 등 건축가들의 자문을 구해 세부 일정을 확정하였다. 대도시에서는 현대 예술과 건축을 이해하는 데 꼭

세계 예술마을은 무엇으로 사는가

필요한 곳으로 방문지를 한정하였다. 관심사가 대도시에 있지 않았기 때문이다.

2000년 2월 4일, 우리 일행을 태운 비행기는 프랑크푸르트 공항에 내렸다. 그곳에서 니스 행 비행기를 갈아탈 예정이었다. 세 시간 남짓 대합실에서 기다려야 했다. 그런데 그곳에서 뜻하지 않게 아는 얼굴을 만났다. 건축가 이종호 소장이었다.

리스본을 가는 중이라고 했다. 파두를 들으러. 얼마나 낭만적인 이야기인가? 포르투갈이 세계의 바다를 지배하던 시절, 그 나라 남자들은 숙명적으로 뱃사람이 되어야 했다. 부두는 언제나 헤어지는 사람들로 넘쳐났다. 사랑하는 이를 멀리 떠나보내며 불렀을 노래, 파두!

이 소장은 헤이리에서 몇 채의 건물을 설계한 우리나라 대표 건축가의 한 사람이다. 그런 만큼 그의 일정 속에는 아울러 포르투갈의 건축을 둘러보는 계획이 잡혀 있었을 것이다. 이종호 소장은 2014년 갑작스럽게 세상을 떠나 많은 사람들을 안타깝게 만들었다. 그는 포르투갈을 거쳐 바르셀로나로 갈 예정이라고 했다. 출판도시 사람들과 그곳에서 합류하기로 했다며.

똑 1년 전 헤이리와 출판도시는 독일과 프랑스 북부를 아우르는 답사여행을 공동으로 진행했다. 공교롭게 이번 여행도 동시에 추진되었다. 양쪽에 모두 몸을 담고 있던 회원들이 두 단체에서 중심 역할을 맡고 있었기 때문이다. 그러나 이번 답사는 각기 독자적으로 진행하기로 하였다. 서로의 관심사가 조금은 달랐던 데다, 답사 참가자의 수가 같이 움직이기에는 너무 많았다.

프랑스
France

아비뇽
★ 아비뇽페스티벌

님
★ 퐁뒤가르
카레다르

★ 아를

엑상프로방스
★ 세잔아틀리에

* 답사 여정 : 카스티용 → 에제 → 니스 → 생폴드방스 → 앙티베 → 발로히 → 칸 →
  엑상프로방스 → 아비뇽 → 님으로 이어졌다.
  이어서 책마을 몽톨리외를 거쳐 스페인의 바르셀로나와 빌바오를 찾았다.

이탈리아
Italia

카스티용
장인마을 ★

에제
★   중세 성채마을
니체 산책로
생폴드방스
예술가마을 ★   니스   샤갈미술관
마그재단미술관   마티스미술관
니스근현대미술관
발로히
도예마을 ★   ★ 앙티베
칸   피카소미술관
영화제

지중해

출판도시는 우리보다 하루 앞서 출발하였다. 니스에서 바르셀로나까지 이어지는 일정도 비슷하였다. 다만 빌바오를 가지 않고 바르셀로나에서 답사여정을 마치는 것이 차이점이었다. 도중의 방문지가 조금 다르기는 했지만, 중요한 곳은 거의 겹칠 수밖에 없었다. 출판도시는 내내 우리보다 하루 앞서 바르셀로나로 향했다. 결국 바르셀로나에 가서 해후를 하게 되었다.

장인들의 마을 카스티용과
니체가 사랑한 에제

니스에 도착한 시간은 한밤중이었다. 피로를 풀 새도 없이 우리는 다음날 아침 첫 방문지를 향해 떠났다. 이탈리아 국경에 가까운 장인들의 마을 카스티용이었다. 레몬 축제로 유명한 망통에서 깊은 산골짜기를 한참 거슬러 올라가야 하는 곳이었다.

길이 어찌나 험하고 좁은지 대형버스가 위태위태하게 느껴졌다. 골짜기는 또 얼마나 깊던지. 예로부터 이탈리아와 프랑스 사이의 교통로가 지중해변을 따라 뚫리지 못한 이유를 알 수 있을 것 같았다. 그래서였을까? 카이사르도 한니발도 나폴레옹도 내륙 길을 통해 알프스를 넘었다. 물론 터널이 뚫린 지금은 다른 이야기가 되겠지만.

곡예를 하듯 아슬아슬한 운전 끝에 마을 입구에 닿았다. 대형버스

세계 예술마을은 무엇으로 사는가

길도 마을도 위태롭게만 보이는 카스티용은 슬리핑 시즌이었다.

가 올 수 있는 곳이 아니었다. 스페인 인 기사는 갈림길에서 어렵사리
버스를 돌렸다. 그러더니 갑자기 버스를 후진시키기 시작하였다. 더럭
겁이 났다. 다른 일행들도 겁먹은 표정이 완연했다. 기사는 아랑곳하지
않고 낭떠러지 길을 한참을 후진한 다음에야 우리를 내려주었다.

　카스티용은 유리, 도자기, 금속공예 작가들의 작업실이 옹기종기 모

여 있는 작은 마을이었다. 일부는 전시장을 겸하고 있었다. 평일인데다 꽤 이른 시간이었기 때문에 문을 열지 않은 곳이 많았다. 부랴부랴 문을 열기도 했다. 멀리서 찾아온 한 무리의 동양인들을 맞아 적잖이 당황하는 기색이 역력했다.

왜 이리 마을이 조용하냐고 물었더니 대답이 걸작이었다. 동면기 sleeping season라나.

마을의 규모가 작아서 둘러보는 데 시간이 별로 걸리지 않았다. 산이 깊고 험하기는 해도 썩 아름다운 풍광으로 느껴지지는 않았다. 아마 한겨울인 탓도 있었을 것이다. 산비탈에 일군 화전민촌처럼 위태스러워 보였다. 그런 깊은 산중에 들어와 작업하는 예술가들의 용기가 가상하였다.

다시 니스로 돌아오는 길에 에제 마을에서 점심을 먹었다. 천 길 낭떠러지 위에서 코트다쥐르 해안을 내려다보는 중세시대의 요새마을이었다. 옛 모습을 잘 보존하고 있는데다 경관이 뛰어나 항상 관광객으로 붐비는 곳이다. 지중해 해안을 달리는 간선도로 변이라는 이점까지 있었다.

에제의 골목은 마치 미로 같다. 좁은 골목을 사이에 두고 낭떠러지 위에 집들이 줄지어 늘어서 있다. 골목을 들어서면 기념품점, 골동품점, 공예점, 레스토랑 들이 산재해 있다.

호텔도 몇 개 있다. 그중에는 수영장이 딸린 곳도 있다. 수백 미터 높이에서 쪽빛 바다를 내려다보며 수영이나 선탠을 즐길 수 있다면... 그보다 더한 호사가 없지 싶었다. 이처럼 경관 좋은 곳을 쉬 지나칠 수 없어 일행들은 삼삼오오 카페에 들어가 일어설 줄을 몰랐다.

철학자 니체는 이 마을을 사랑했다. 이곳에 머물 때면 험한 비탈길

세계 예술마을은 무엇으로 사는가

니체가 사랑한 마을 에제. 초인이 관광객을 모으는 힘일까?

을 따라 바닷가까지 산책을 즐겼다. 그 산책로를 오르내리는 도중《차라스투라는 이렇게 말했다》의 영감을 얻었다고 전해진다. 오늘날 사람들은 그 길을 '니체의 길'이라고 부른다.

이제 신은 죽었다.
그리하여 신에 대한 모독도 죽었다.

니체가 애타게 찾은 초인超人이 있다면 에제 마을 정상쯤에서 지중해를 내려다보고 있을 것 같다.

에제를 뒤로 한 채 니스 시내에 들어섰다. 니스는 프랑스에서 다섯 번째로 큰 도시지만, 오붓한 소읍 같은 정취를 풍긴다. '리비에라의 여왕'이라고 불리며, 한때 유럽에서 가장 각광받는 겨울 휴양지였다. 프랑스뿐 아니라 영국과 독일, 러시아 등지에서 부호들이 몰려들었다.

그래서일까? 니스 중심가에 면해 있는 해안 길의 이름이 '앙글레(Anglais, 영국) 산책로'이다. 산책로 아래로는 긴 백사장이 펼쳐져 있다. 유명세에 비해서는 백사장의 폭이 좁았다.

니스 카니발은 세계에서 가장 유명한 페스티벌의 하나다. 가장행렬이 중심이기 때문에 참가자들이 긴 띠를 이루어 시내를 행진한다. 그 행렬이 지나는 중심도 앙글레 산책로인 모양이다. 음악회 같은 데서 간이 관중석으로 사용되는 철제 구조물이 산책로 변에 설치되어 있었다. 그곳에 앉기 위해서는 요금을 지불하여야 한다고 한다. 바로 옆에 서서 보면 물론 공짜다.

세계 예술마을은 무엇으로 사는가

샤갈, 마티스,
그리고 니스 근현대미술관

니스는 온난한 기후와 아름다운 자연풍광으로 예술가들을 불러 들였다. 가장 대표적인 사람이 마르크 샤갈과 앙리 마티스다. 우리가 니스에서 보아야 할 곳은 두 사람의 미술관과 니스 근현대미술관이 었다.

러시아(오늘의 벨로루시) 태생인 샤갈은 23세의 청년 시절에 프랑스로 건너왔다. 처음에는 파리를 중심으로 작품 활동을 하였지만, 그가 만 년을 보낸 곳은 니스 인근의 생폴드방스Saint-Paul-de-Vence였다. 마티스는 북프랑스의 카토가 고향이다. 그 역시 쉰 살 무렵부터 숨을 거두기까지 35년여를 니스에서 살았다.

먼저 샤갈 미술관으로 향했다. 1973년에 개관한 이 미술관은 성서 를 테마로 한 작품만 전시하고 있다. 그래서 정식이름이 마르크 샤갈 성 서미술관이다.

입구에 들어서니 3,4백 호는 됨 직한 대형 작품들이 압도해 온다. 샤 갈 특유의 신비적이고 동화적인 화풍을 드러내는 작품들이었다. 1950 년대 후반부터 그리기 시작한 작품들로 한때는 선정성이 문제되었다고 한다.

작품 감상에 몰두하고 있는데, 난데없는 호통소리가 들려왔다.

"뭐하는 짓들이에요? 작품 앞에서 경건할 줄 알아야지."

전광영 화백이었다. 대작 앞에서 어린아이처럼 좋아라 하거나 기념으로 사진을 찍고 하는 게 거슬렸던 모양이다.

사실 우리는 너무 기념하기를 좋아하는지 모른다. 조용히 감상하고 마음에 담아오면 될 것을. 작품을 사진에 담으랴, 기념사진 찍으랴 좀 바쁜가.

"내 말을 오해하지 마세요. 좀 지성인답게 감상했으면 해서 그런 거요. 이런 작품의 실물을 구경하는 것은 일생에 한두 번뿐일 거요. 감동스럽지 않아요?"

다소의 주의를 주려던 것이 전체가 주목하는 형국이 되자, 전화백은 몹시 계면쩍어하며 수습하려 애썼다. 같은 화가의 입장인지라 다른 사람보다 좀더 신경이 쓰였을 것이다.

자연스럽게 전화백이 그림을 설명하고 샤갈의 생애를 들려주는 상황이 되었다. 일종의 가이드가 된 셈이다. 덕분에 일행은 국제무대에서 널리 인정받는 화가의 안내로 미술관을 둘러보는 기쁨을 누릴 수 있었다.

샤갈은 독실한 유대인 가정에서 태어났다. 본격 미술수업을 받던 파리에서 그는 기욤 아폴리네르 같은 전위예술가들과 어울렸다. 그리고 1911년 앙데팡전을 통해 세상에 이름을 알렸다. 괴이하고 환상적인 화풍이 주목을 끌었다. 그의 작품 속에는 슬라브 정서와 유대인 특유의 신비주의가 융합되어 있다.

그는 7년 남짓 미국에서 살았다. 나치의 박해를 피하기 위해서였다.

세계 예술마을은 무엇으로 사는가

프랑스로 돌아와 그가 정착한 곳이 생폴드방스였다.

샤갈은 회화뿐 아니라 벽화, 스테인드글라스, 조각, 도기 제작 등 다방면에서 활동했다. 그는 프랑스 문화부장관이었던 작가 앙드레 말로와 친분이 두터웠다. 말로의 요청으로 70대 후반의 고령에 파리 오페라극장의 천장화를 그렸다. 샤갈의 대표작 가운데 하나로 평가되는 작품이다.

샤갈은 니스도 좋아했지만 그 어디보다 생폴드방스를 사랑했다. 그래서 생폴드방스에서 생의 마지막 40여 년을 보냈고, 종내 그곳에 묻혔다. 그는 자신의 미술관을 생폴드방스에 세우기를 원했다. 그러나 마땅한 부지가 없었다. 그래서 대안으로 니스에 그를 기념하는 미술관이 세워지게 된 것이다. 그는 미술관을 위해 작품을 기증하고, 직접 스테인드글라스 창문을 제작하였다.

마티스 미술관은 공원 안에 자리잡고 있었다. 주택가인 시미에지구의 공원이다. 올리브나무 숲 사이로 붉은 색 미술관 건물이 보였다. 17세기에 지어진 이탈리아 양식의 별장건물이다. 본관과 신관 2개의 동으로 이루어져 있었다. 본관은 1963년, 신관은 1993년에 문을 열었다.

마티스가 니스 시에 기증한 작품과 그의 뜻에 따라 유족이 기증한 작품이 소장품의 중심을 이루고 있다. 약 6백 점에 달한다고 한다. 〈석류나무의 남은 인생〉〈꽃과 과일〉〈푸른 누드〉〈타이티의 창〉 등이 대표작이다.

한쪽에는 마티스가 쓰던 가구와 그림도구들이 진열되어 있었다. 물

샤갈은 생폴드방스에서
40여 년을 살고 그곳에 묻혔다.
그를 기념하는 미술관은 니스에 있다.

감, 팔레트, 붓, 이젤 등이 세월의 더께를 뒤집어쓴 채 거장의 숨결을 전해 주고 있었다.

마티스는 야수파를 대표하는 작가다. 피카소와 쌍벽을 이루면서 20세기 회화의 탄탄한 진로를 개척한 것으로 평가된다. 마티스는 원색 그대로를 단조롭게 펼쳐가는 방법을 사용하였다. 처음에는 유치하다는 비난을 감수해야 했지만, 원색의 색채와 선을 중시하는 새로운 기법으로 기존의 미술 법칙들을 파괴해 갔다. 그리하여 그는 니체, 도스토예프스키 등의 문인들과 말러, 스트라빈스키 같은 음악가들에게까지 영향을 끼쳤다.

생폴드방스에서 조금 더 들어가면 방스가 나온다. 그곳 로자리오 예배당에서 만년의 마티스가 심혈을 기울인 특별한 걸작을 만날 수 있다. 예배당의 건축설계를 비롯한 내외부 장식 일체가 그의 작품이다.

한 편지에서 마티스는 이렇게 쓰고 있다.

> 방스 예배당을 위한 작업과정에서 나는 진실로 내 자신을
> 발견하였습니다. 나는 내 일생의 모든 작품이 오직 인간가족을
> 위한 봉사로 일관했다는 것을 깨달았습니다. 즉 영원히
> 스러지지 않을 이승의 아름다움을 모든 세상 사람들에게
> 보여주기 위한 것이었습니다.

일몰시간이 가까워지고 있었다. 우리는 서둘러 니스 근현대미술관으로 자리를 옮겼다. 니스 근현대미술관은 1990년 문을 열었다.

국립극장과 이웃해 있는 이 건물은 건축가 이브 베아야르와 앙리 비

달이 공동 설계하였다. 유리 통로로 이어진 네 개의 대리석탑이 정면을 이루는 독특한 건축이다.

이곳에는 1960년대부터 현재에 이르기까지 탄생한 팝아트를 비롯한 여러 장르의 작품들이 전시되어 있다. 대표적인 작가는 이브 클랭과 니키 드 생팔이다. 니키 드 생팔은 죽기 직전 170여 점의 작품을 이곳에 기증하였다. 이브 클랭과 더불어 니스 출신인 세자르, 아르망의 작품, 그리고 앤디 워홀, 리히텐슈타인, 짐 다인 등 현대 거장들의 작품을 만날 수 있다.

전시장을 한 층 한 층 오르다 보니 이동동선이 옥상으로 연결되어 있었다. 인상적인 형태의 공원과 맞닥뜨렸다. 이브 클랭 공원이었다. 휴식공간마저 예술을 접목시킨 것이었다.

난데없이 미술관 머리 위에서 새들의 군무가 펼쳐졌다. 수천 마리의 새떼가 펼치는 군무가 어찌나 역동적이던지, 이제껏 그런 격렬한 새들의 춤사위는 처음 보았다. 열병식, 분열식을 하듯 모였다 흩어졌다 반복하더니 어느 순간 맹렬한 속도로 급강하하며 건물 사이로 사라졌다. 마치 집단 자살이라도 하는 듯한 섬뜩한 모습이었다. 사라졌던 새떼가 이웃 건물 사이로 모습을 드러내며 하늘 높이 솟구쳐 올랐다. 휴, 안도의 한숨이 새어나왔다.

새들은 지치지도 않고 그런 격렬한 춤사위를 한참을 계속하였다. 넋을 잃은 채 새들의 군무를 관람하였다. 시간이 얼마나 흘렀을까? 홀연 석양빛 구름 사이로 새들이 사라져갔다.

"와, 최고다! 정말 멋진 퍼포먼스, 최고의 작품 아니었어요?"

최영선 화백은 새떼가 사라진 하늘에서 눈을 뗄 줄 몰랐다.

세계 예술마을은 무엇으로 사는가

마그 재단 미술관
: 유럽에서 가장 유명한 사설 미술관

　다음날 아침 우리는 생폴드방스를 향해 출발했다. 이번 답사여행에서 가장 중요한 방문지 가운데 하나였다.

　버스는 니스 시내를 벗어나 지중해변을 끼고 서쪽으로 달렸다. 영화제로 유명한 도시 칸 쪽을 향해 얼마쯤 갔을까? 그다지 오래지 않아 오른쪽으로 방향을 틀었다. 북쪽 내륙으로 들어서자 제법 기복이 심한 구릉지가 나타났다. 골짜기며 산등성이며 무성한 숲속에 그림 같은 집들이 제법 밀도 있게 박혀 있었다.

　에스 자를 그리며 언덕을 에돌던 버스가 어느 구릉 모퉁이를 돌아서자, 사진으로 보아온 '독수리 둥지' 같은 마을이 홀연 산꼭대기에 모습을 드러냈다. 생폴드방스였다.

　이미 에제 마을을 보았던 터라 마을의 모습이 그다지 위태롭게 느껴지지는 않았다. 제법 높은 언덕이기는 해도 그쯤이면 완만하다 싶었다. 그러나 분명 성채마을이었다. 생폴드방스 언덕을 오르던 버스가 주차장으로 들어섰다. 마을 입구에 넓은 주차장이 마련되어 있었다.

　주차장에서 내린 우리는 버스가 달려온 길을 가로질렀다. 주차장 맞은편 어름에 숲속으로 갈라지는 길이 있었다. 갈림길 입구에 마그 재단 미술관이라는 간판이 보였다.

소나무 숲길을 3백 미터쯤 걸었다. 왼쪽 숲속에 미술관 건물이 보였다. 유럽에서 가장 유명한 사설미술관이라는 명성에 걸맞지 않게 작고 수수한 건물이었다.

분홍빛과 흰 빛이 조화를 이룬 이 건물은 바르셀로나 출신의 호세 루이스 세르트가 설계했다. 세르트는 자신의 친구인 후안 미로를 비롯해 마르크 샤갈, 페르낭 레제, 조르주 브라크 등의 작가들과 함께 작업을 진행했다.

작가들이 함께 작업에 참여해서일까? 현관을 들어서기 전부터 도처에 미술관다운 체취가 물씬 풍겼다. 자코메티의 조각, 미로의 벽화, 모자이크로 작품을 새긴 연못과 분수대... 미술관 안팎이 모두 전시장이었다.

미술관 안쪽 테라스를 나서면 미로가 구성한 옥외전시장이 나온다. 그곳을 비롯한 이 미술관의 벽화와 세라믹 작품을 묘사한 시인 이종욱 선생의 글을 옮겨 싣는다.

> 이 미술관의 세라믹 조각들, 특히 옥외전시장
> '미로의 미로'Miro's Labyrinth에 전시된 벽화와 〈도마뱀〉 〈이무기〉
> 〈여신〉 〈매머드의 알〉 등 세라믹 작품들은 미로와 세르트의
> 친구인 요셉 요렌스 아르티가스가 일본 여행 때 일본 작가들이
> 사용하고 있던 '한국식 가마'의 모델을 도입해 만든 가마에서
> 제작된 것이라고 한다.
> —《헤이리》 제3호

세계 예술마을은 무엇으로 사는가

후안 미로의 작품으로 꾸며진 마그 재단 미술관 정원.

　실내 전시실에는 브라크, 미로, 샤갈, 콜더, 타피에스, 자코메티, 레제, 마티스, 칸딘스키 등 근현대미술 거장들의 작품이 전시되어 있다. 소장품은 모두 7천여 점에 이른다고 한다.

이렇게 많은 현대미술품을 보유하게 된 이유는 재단 설립시부터 작가들을 지원하면서 그들의 작품을 수집해 왔기 때문이다. 역량은 있으나 덜 알려진 작가들을 지원하는 게 마그 재단의 전통이다. 세계적 거장이 된 자코메티, 칸딘스키, 레제가 마그 재단의 후원을 받은 작가들이다. 재단은 현재도 다양한 작가들에게 작업공간을 제공하는 등 지원을 계속하고 있다.

미술관 지하에는 영화자료 전시실이 있다. 마그 재단 미술관의 관심이 미술에만 있는 게 아님을 말해 준다. 그들은 예술가들의 생애와 작업과정을 영상화하는 일에 노력을 기울여왔으며, 문학과 예술을 한데 아우르는 문학잡지를 펴내고 있다. 미술관에서 음악회, 강연회, 연극, 발레, 영화상영 등 다채로운 행사를 펼치기도 한다.

마그 재단 미술관은 1964년에 설립되었다. 그리고 이제는 매년 20만 명이 방문하는 명소가 되었다. 미술관이 설립된 데는 가슴 아픈 뒷이야기가 있다. 미술관 설립자인 마그 부부의 둘째 아들이 백혈병으로 사망하자, 부부는 아들을 추억하기 위해 그들이 그동안 화랑을 하며 수집한 작품을 일반에게 공개하기로 하였던 것이다.

마그 재단 미술관 정문 근처에는 작은 예배당이 있다. 예배당은 성 베르나르에게 봉헌되었다. 아들의 이름을 그에게서 따왔기 때문이다.

마그 재단 미술관을 나온 우리는 왔던 길을 되짚어 내려갔다. 그리고 주차장과 이어지는 생폴드방스 마을 어귀로 들어섰다.

언젠가 헤이리의 모델이 생폴드방스라는 소문을 들은 적이 있다. 그런 이야기가 어떻게 시작되었는지는 잘 모르겠지만, 여행 칼럼니스트

이정현 씨의 글이 빌미가 되지 않았나 싶다. 그가 2003년 가을 《동아일보》에 생폴드방스를 소개하면서 "미술과 책의 도시로도 알려져 우리나라 파주에 건설중인 헤이리 마을의 모델이기도 하다"고 쓴 글을 본 적이 있기 때문이다. 이정현 씨가 무슨 근거로 그런 이야기를 했는지는 알지 못한다. 필자는 1999년에 처음으로 남프랑스에 생폴드방스라는 곳이 있다는 이야기를 들었다. 그 이전까지는 누구에게서도 들어본 적이 없다. 유럽 답사여행을 계획하기 위해 자료를 모으는 과정에서 바르비종, 생폴드방스 등의 이름을 주워들었던 것이다. 당시의 여정이 독일에서 시작해 파리에서 끝나는 것으로 짜였기 때문에, 생폴드방스에는 큰 관심을 두지 않았다. 그로부터 한 해가 지나 비로소 생폴드방스를 방문했다.

헤이리 만들기는 1997년부터 본격 시작되었다. 그러니 헤이리 사업이 상당히 진척된 다음에야 생폴드방스를 알게 되었던 것이다.

헤이리를 만들면서 헤이리와 가장 유사한 형태의 마을을 찾기 위해 노력했지만, 똑부러지게 여기다 싶은 곳은 없었다. 그도 그럴 것이, 인위적으로 만들어가는 헤이리 같은 사례가 쉬 나오기는 어려울 것이다. 유럽이나 일본 출신의 전문가들은 문화예술인들이 스스로의 힘으로 헤이리 같은 큰 프로젝트를 해냈다는 게 믿기지 않는다고 말하곤 했다.

특히 유럽은 전통이 잘 보존된 곳이 많기 때문에 인위적으로 예술인 마을을 만들 필요가 없었을 것이다. 옛 모습을 간직한 경관 좋은 곳에 예술인이 한두 사람 들어가 살다 보면 자연스레 특색 있는 예술인 마을이 될 터이니.

생폴드방스
: 과거로 떠나는 여행

　사람들은 새것보다 옛것에 더 애정을 보이기도 한다. 우리도 북촌 한옥마을이나 안동 하회마을 같은 곳을 아끼고 자랑스러워하지 않는가?

　생폴드방스는 전형적으로 그런 곳이었다. 시계추를 몇 백 년 전쯤으로 되돌린 듯한 마을의 모습, 수려한 경관. 어찌 눈 밝고 감수성 예민한 예술가들의 감성을 자극하지 않았겠는가? 낡은 마을 집과 골목길에 박힌 자갈돌 하나에까지 누대에 걸친 사람들의 체취와 손때가 배어 있는 것을.

　생폴드방스 마을에 들어서면서 가장 먼저 마주하는 인상적인 건물은 콜롱브도르 여인숙이다. 여인숙이라는 호칭을 지녔지만 요즘 개념으로 치면 최고급 빈티지 호텔이다. 얼핏 작고 보잘것없는 건물 모습이 뭐 그리 대단하랴 싶었다. 그러나 오래 전에 예약하지 않으면 방을 구할 수가 없노라고 가이드가 일러준다. 1층 식당도 아주 비싼 고급 레스토랑이라고.

　이곳이 이렇게 유명해진 시초는 아마도 다른 곳에 마땅히 묵을 곳

세계 예술마을은 무엇으로 사는가

이 없어서였을 것이다. 오늘날은 연간 수백만 명이 생폴드방스를 찾는다지만, 백 년 전만 해도 방문객이 가뭄에 콩 나듯 했을 것이다. 이 호텔은 1920년에 문을 열었다. 처음에는 카페였다. 그러다가 1932년에 '황금 비둘기'를 뜻하는 콜롱브도르 여인숙으로 바뀌었다.

남프랑스의 온화한 기후와 자연풍광을 찾는 이들 가운데는 예술가들이 적지 않았다. 1920년경부터 그들의 발걸음이 생폴드방스에 이르기 시작했다. 콜롱브도르 여인숙은 생폴드방스를 찾는 예술가들이 묵어가는 장소였다.

그곳에 꽤 오래 머물면서 작품 활동을 하는 이들도 있었다. 작가들은 때때로 자신들의 그림으로 숙식비를 대신하였다. 레스토랑 벽면에 유명작가들의 그림이 여태껏 걸려 있는 이유다. 피카소, 모딜리아니, 시냐크, 마티스, 레제, 르누아르... 이곳을 사랑한 예술가들의 이름을 일일이 열거하기조차 어렵다.

배우이자 프랑스를 대표하는 샹송 가수로 우리에게 친숙한 이브 몽탕은 콜롱브도르 테라스에서 동료 배우인 시몬 시뇨레와 결혼식을 올렸다.

생폴드방스를 즐겨 찾은 이들의 목록에는 샤넬, 알랭 들롱, 사르트르, 보봐르, 그레타 가르보, 소피아 로렌, 카트린 드뇌브 등 수도 없는 유명인의 이름이 추가되어야 한다. 샤갈은 말년을 이곳에서 보냈고, 이브 몽탕도 한때 이곳에 거주하였다.

콜롱브도르를 조금 지나면 성벽 안으로 들어가는 문을 만나게 된다. 여기서부터 성벽마을이다. 사방은 높은 성벽으로 둘러싸인 요새다.

성벽 한켠에는 이 마을을 지키기 위해 사용되었을 낡은 대포가 놓여 있다.

성벽 안으로 들어섰다. 바로 오른켠에 안내소가 보였다. 2층은 생폴 드방스의 옛 모습을 보여주는 역사박물관이다.

안내소에서 받아든 지도에 그려진 생폴드방스는 남북으로 긴 타원형 모습이었다. 안내소가 있는 곳은 북문인 셈이다. 북문에서부터 남쪽 성벽까지 마을의 중앙을 관통하는 길이 그랑 거리다.

우선 그랑 거리를 따라 걷기로 했다. 약속시간까지 우리 일행은 각자 취향대로 마을을 둘러보기로 했다. 길 양쪽에 기념품가게가 늘어서 있었다. 도자기, 유리공예, 민예품, 허브, 올리브유, 의류, 액세서리, 그림엽서 등속을 파는 가게였다. 가게를 기웃거리노라면 이런 게 프로방스 풍이구나 하는 공통된 느낌이 전해져 온다. 갤러리와 작가 공방도 눈에 띄었다.

건물들이 다닥다닥 붙어 있는 게 인상적이었다. 벽체를 돌로 쌓은 집이 많았다. 고풍스런 창문이며 문 언저리는 대부분 예쁜 꽃으로 장식되어 있었다. 벽을 타고 올라간 담쟁이 넝쿨이 세월의 무게를 더해 주었다.

길바닥은 자갈돌로 정갈하게 포장되어 있었다. 경사진 골목에는 돌계단이 놓여 있고, 더러 돌담으로 둘러싸인 집도 보였다. 자그마한 광장이 나왔다. 17세기에 만들어졌다는 분수가 놓여 있었다.

광장을 지나 오른켠 골목으로 들어섰다. 가게를 기웃거리며 잠시 한눈을 파는 사이 돌연 높은 옹벽이 앞을 가로막았다. 옹벽 옆으로 사람 둘이 겨우 지나칠 만한 좁은 골목이 보였다. 옹색한 골목길을 빠져나오자 좀더 넓은 골목이 나오고, 집과 집 사이로 골목은 미로처럼 엉켜 있

세계 예술마을은 무엇으로 사는가

집과 집 사이로 아름다운 골목이
미로처럼 엉켜 있다.

었다. 너무 외져 누가 올까 싶은 곳에도 작은 기념품점과 갤러리, 카페가 보물처럼 숨겨져 있었다.

카페 모퉁이를 돌자 탁 트인 길이 나왔다. 마을 외곽을 둘러싼 성벽 길이었다. 안도의 한숨이 나왔다. 마을이 크지 않아 길을 잃을 염려는 없었다. 하지만 주소를 일러주어도 골목 안 어디를 찾아갈 재간은 없어 보였다.

마그 재단 옥외전시장을 후안 미로가 '미로의 미로迷路'라고 이름붙인 것은 아마도 생폴드방스의 미로 같은 골목길 때문이었는지 모를 일이다.

어느새 마을 남쪽 끝이었다. 사방이 한눈에 들어왔다. 마을이 남북으로 길쭉한 모습인데다 성벽 끝이 돌출되어 있었다. 사방 어디를 보아도 그림 같았다. 성벽 안보다는 밀도가 현저히 낮지만 성벽 바깥 숲속에도 도처에 집들이 흩어져 있었다.

아마도 행정구역상의 생폴드방스는 인근지역의 일부를 포함할 것이다. 전체 주민이 3천여 명이라는데, 성안 인구는 300명쯤이라니 말이다.

생폴드방스는 옛 영화만을 먹고 사는 마을이 아니다. 지금도 많은 작가들이 이곳을 무대로 활동하고 있다. 성벽 안에 작업실을 가진 작가들도 있고, 바깥에 거주하는 작가들도 있다. 바깥에 거주하는 경우는 넓은 작업실이 필요하거나 좀더 나은 환경에서 거주하고 싶기 때문일 것이다.

생폴드방스의 갤러리 수효는 40여 곳에 이른다. 피카소, 미로, 샤갈, 막스 에른스트, 아르망 등의 작품을 파는 곳이 눈에 띄었다. 판화나 리

세계 예술마을은 무엇으로 사는가

프러덕션이 중심이었다. 소품 중심으로 원작을 취급하는 경우도 있었다. 아르망의 조각품을 발견하고 구입을 망설인 일행도 있었다. 이곳 갤러리들의 웹사이트를 들어가 보면 국제적인 작가들의 작품을 취급하는 곳이 꽤 여러 곳임을 알 수 있다.

마을의 남쪽 끝자락, 후미진 듯싶으면서도 전망 좋은 곳에 공동묘지가 자리하고 있었다. 생폴드방스에서 여생을 마친 샤갈도 이곳에 묻혔다. 그다지 크지 않은 묘원이라서 묘지석을 하나하나 살펴보았다.

고만고만한 무덤들이라서 쉬 찾기 어려웠다. 갑자기 한 무리의 사람들이 안내자의 인솔을 받으며 어느 묘지 주위를 에워싸는 것이 눈에 띄었다. 혹시나 해서 가까이 가보았다. 샤갈의 묘였다. 'MARC CHAGALL / 1887-1985'라는 음각글자가 선명했다.

샤갈은 그가 이룬 생전의 업적에도 불구하고 눈에 띄지 않는 소박한 묘지에 잠들어 있었다. 자유인이기를 갈망했던 작가답다. 예술가다움이 무엇인지 소리 없이 들려주는 것 같아 팬시리 즐거워졌다.

지금까지 걸었던 길과 겹치지 않도록 하면서 마을의 입구 쪽으로 방향을 잡았다. 어디라 할 것 없이 집들이 오밀조밀하고, 골목과 거리의 가게들은 아기자기했다. 돌집을 더욱 동화적으로 만들어주는 나무로 된 작은 문, 고풍스러우면서도 세련된 디자인의 간판, 개성 있는 우체통, 운치 있는 노천 카페, 군데군데 공터를 채우고 있던 고목...

제법 넓은 광장이 불쑥 튀어나왔다. 마을 한복판의 광장이었다. 시청(타운 하우스)과 예배당이 자리하고 있었다. 시청 건물 벽에는 중세 때 만들어졌다는 오래된 시계가 걸려 있었다.

벌써 약속시간이 다 되었다. 일행들과 만나기 위해 주차장으로 걸음을 옮겼다. 아쉬움을 뒤로 한 채.

마치 과거의 어느 시점에서 현재로 되돌아온 느낌이었다.

생폴드방스 가는 길

⊚	Saint-Paul-de-Vence, Provence-Alpes-Côte d'Azur
🚗	니스에서 M6007 도로를 타고 서쪽으로 향하다 Cagnes sur Mer에서 'La Colle sur Loup / Vence' 표지판을 따라 북쪽으로 15분 달리면 도착
✈	니스 국제공항에서 택시, 렌터카 이용.
🚆	TGV는 니스역, 지역 기차는 Cagnes sur Mer역.
🚌	니스 시내에서 400번 버스 이용(니스 공항, Cagnes sur Mer역 경유).
⊕	www.saint-pauldevence.com

세계 예술마을은 무엇으로 사는가

세계 최초의 책마을

헤이온와이

영국
United Kingdom

상업적인 것을 넘어 지적인 관점에서 본다면
새 책과 헌책은 차이가 없습니다.
한반도에서 시작되어 서쪽으로 런던까지 이어지던 실크로드는
동쪽 런던을 향해 난 우리 웨일스의 옛길과 만나야 합니다.
그럼으로써 세계를 포괄하는 문학 지형도를
그릴 수 있기를 희망합니다.

— 리처드 부스

서적 왕 리처드 부스를 만나다

"새 책은 저자가 결정하고, 헌책은 독자가 결정합니다."

서적 왕 리처드 부스Richard Booth의 헌책 예찬론이다.
"그래서 헌책이 더 민주적이고, 가치가 높지요."
몸이 불편하다며 딱 20분만 접견을 허락한 사람이 맞는가 싶었다.
자리에 앉으라는 인사도 없이, 그는 폭포수처럼 자신의 생각을 토해 내었다. 한동안 엉거주춤 선 채로 그의 말이 끝나기를 기다려야 했다.
리처드 부스는 세계 최초의 책마을 헤이온와이Hay-on-Wye의 오늘을 있게 한 장본인이다. 그는 옥스퍼드를 나온 전도양양한 젊은이였다. 헤이온와이는 책 읽는 사람이라곤 없던, 런던에서 4시간을 가야 하는 웨

정원에 나와서까지 열변을 토하고 있는 리처드 부스.

일스의 궁벽한 산골마을이었다. 그런 외진 곳에 서점을 열고 '정신 나
간 놈' 취급을 받지 않았다면 외려 이상한 일이다. 사람들은 그가 채 석
달을 버티지 못할 것이라고 확신했다.

책방을 연 지 열다섯 해가 되던 1977년 4월 1일, 리처드 부스는 헤
이온와이의 독립을 선포하였다. 만우절이라서 가능한 치기어린 해프닝
이었지만, 사람들이 유쾌한 농담을 농담으로 받아들이지 않을 만큼 그
는 서적 왕으로서의 입지를 다졌다.

리처드 부스는 괴짜다. 잘 짜인 제도 속에는 어울리지 않는 사람이
다. 그가 1962년에 낡은 소방서 건물을 사들여 서점을 연 것은 충동적
인 결정이었다. 그는 고등학교 시절부터 헌책방을 드나들고, 책이라면
사족을 못 썼다. 그렇지만 스스로 책방을 운영할 생각은 없었다.

리처드 부스가 헤이온와이와 인연을 맺게 된 것은 그의 삼촌이 살던 집을 아버지가 구입하면서였다. 쿠숍 딩글이라는 숲속에 자리한 저택이었다. 울창한 숲을 가로지르는 오솔길이 끝나는 곳에 부스의 집은 자리하고 있었다.

19세기까지만 해도 헤이온와이는 기차가 들어오고, 백여 개의 상점이 성업을 구가하던 잘 나가는 도시였다. 그런데 어느 사이에 며칠마다 한 곳씩 가게가 문을 닫는 쇠락한 동네로 변해 있었다. 리처드 부스는 대형 유통업체의 무분별한 진출이 농촌도시를 황폐화시키는 주범이라고 보았다. 그는 헤이온와이만큼은 그런 악몽 속에 빠지지 않기를 바랐다.

헌책으로 먹고 사는 마을

헤이온와이는 웨일스와 잉글랜드의 경계에 위치한다. 경계선이 마을 시가지의 동쪽을 지난다. 따라서 헤이온와이의 대부분은 웨일스 땅에 속한다.

리처드 부스가 서점을 차린 소방서 건물이 헤이온와이 최초의 서점이다. 그는 처음부터 근동 사람들에게 책을 파는 것을 목표로 삼지 않았다. 헌책을 찾아 웨일스, 아일랜드, 스코틀랜드, 미국을 누비고 다녔고, 전 세계를 상대로 책을 팔았다. 수만 권을 한 번에 사들이고 그만한

900년의 역사를 간직한 헤이 성.
헤이온와이를 대표하는 책방이다.

규모로 팔아치운 적도 많았다. 소문이 나자 책 수집상들이 헤이온와이를 찾기 시작했다. 헤이온와이에 눌러앉아 서점을 여는 서적상도 생겼다. 그들은 수준 높은 컬렉터들이 헤이온와이를 찾게 하는 데 기여했다.

리처드 부스는 헤이온와이 한복판에 방치되어 있던 식료품 창고에 두 번째 서점을 열었다. 이어서 옛 영화관 건물을 임대해 한때 '세계에서 가장 큰 헌책방'이라는 수식어가 붙은 시네마 서점을 차렸다. 덕분에 잠깐이나마 그의 이름이 기네스북에 오르기도 하였다.

헤이온와이에 가면 마을 한복판에 우뚝 솟은 성을 볼 수 있다. 헤이성Hay Castle이다. 헤이 성의 역사는 12세기로 거슬러 올라간다. 영국을 침략한 노르만 군대의 최전방 주둔지 가운데 하나로 건설되었다. 그러나 관리가 제대로 되지 않아 탑과 망루가 무너져 내리고, 성벽이 심하게 허물어진 채 방치되어 있었다. 리처드 부스는 헤이 성을 구입해 75만 권의 장서를 갖춘 헤이온와이를 대표하는 서점으로 탈바꿈시켰다.

헤이온와이에는 현재 30여 곳의 서점이 문을 열고 있다. 40곳 가까이 되던 최전성기에 비하면 그 세가 한풀 꺾였다고 할 수 있다. 헤이 성을 중심으로 인근에 서점이 집중되어 있다. 널찍하게 조성된 마을 주차장에 차를 세우고 계단을 오르면 바로 마을 안내소를 만나게 된다. 횡단보도 건너 좁은 골목 어귀부터 서점이다. 백폴드 북스라는 2층짜리 서점이다. 골목 안쪽에는 코너 서점이라는 이름의 앙증맞은 작은 서점과 무인 서가가 마주하고 있다. 골목길은 헤이 성의 후문으로 이어진다.

헤이 성은 장르별로 잘 분류된 서적들이 두 개층을 꽉 채우고 있었다. 2, 3파운드면 살 수 있는 싼 책에서부터 유리장 안에 모셔 놓은 귀한 고서까지 스펙트럼이 넓어 책 사냥에 그만이었다. 하지만 매장에 있

세계 예술마을은 무엇으로 사는가

는 책만으로는 수십만 권의 장서 운운하는 위용은 느껴지지 않았다. 교보, 영풍 같은 초대형 서점에 익숙해서일까? 몇 만 권을 헤아리는 큰 거래가 자주 이루어진다니, 다량의 책이 들고 나는 별도의 서고가 갖추어져 있으리라. 아쉬운 마음에 다락처럼 보이는 3층까지 올라가 보았다. 상품가치가 없는 책들이 쓰레기더미처럼 나뒹굴고 있었다. 세세한 곳까지 손길이 닿지 못하는 걸 보니, 역시 헌책방이다 싶었다. 창문을 통해 내려다보는 마을과 와이 강 협곡 너머의 전원풍경이 한 폭의 수채화였다.

헤이 성의 마당은 그 자체가 독립적이고 특별한 서점이다. 무인으로 운영되는 양심서점이다. 야외 서가에 진열되어 있는 수천 권의 책 가운데 마음에 드는 책을 단돈 몇 푼에 수중에 넣을 수 있다. 양장본은 1파운드, 페이퍼백은 50펜스라고 씌어 있었다.

헤이 성 정문을 나서면 캐슬 거리다. 정문 바로 맞은편에 세 개의 서점이 나란히 자리하고 있다. 그 가운데 하나는 모스틀리 맵스라는 지도 전문점이다. 같이 간 일행 몇이 지도점 안에 모여 있는 것이 눈에 띄었다. 동해를 '한국해'Sea of Corea라고 표기한 서양 고지도를 발견해 구매를 논의하고 있었다. 모두 세 점이었다. 국내에 소개되지 않은 사료가치가 뛰어난 지도는 아닐 것으로 판단되었다.

파주시 김규범 국장은 못내 욕심이 나는 눈치였다. 국내에 웬만한 서양 고지도가 다 있다 하더라도 국가기관이나 전문 지도박물관 그리고 개인 수집가의 소유로서, 대중들이 그 같은 지도를 접할 기회는 많지 않은 게 현실이다. 그래서 김 국장은 파주시가 구입해 시민 교육자료로 사용하면 좋겠다는 생각이었다. 그러나 출장 나온 공무원 신분으로 지도를 구입할 방법이 막막했다.

"출판도시에서 구입해 파주시에 기증합시다."

일 벌이기를 좋아하고 시원시원한 출판도시문화재단 최선호 상임이사가 해법을 내놓았다. 큰돈은 아니어도 공금의 지출이 필요한 만큼, 출판도시 사람들의 구수회의가 벌어졌다. 지도 세 점 모두를 구입해 파주시도서관에 기증하는 것으로 의견이 모아졌다. 구입한 지도는 귀국 후 파주시에 전달하였다.

우리 일행은 파주출판도시 관계자들로서, 출판도시를 대중이 찾아오는 공간으로 탈바꿈시키기 위해 테마 거리를 조성하는 일과 문화 콘텐츠를 개발하는 데 필요한 지혜를 얻기 위해 유럽 문화탐방에 나선 참이었다. 프로젝트를 행정적으로 뒷받침해 주고 있던 파주시 공무원들도 탐방단의 일원이 되었다. 철학을 공유하고 눈높이를 맞추어 미래지향적인 프로젝트를 만들어내기 위해서였다.

책방 순례를 계속하며 강가 쪽으로 모퉁이를 돌다 리처드 부스 서점이라는 간판을 만났다. 지하와 2층까지 서가가 이어지는 큰 서점이었다. 서점 간판에서 짐작할 수 있듯이, 이 서점 역시 리처드 부스가 설립한 서점이었다. 그러나 주인이 바뀌어, 리처드 부스와는 무관한 서점이되었다.

미국 오리건 주에서 건너온 엘리자베스 헤이콕스라는 여주인은 북카페를 입점시켜 서점의 분위기를 일신시켰다. 카페가 생김으로써 더 많은 사람들이 서점을 찾게 되었고, 서점의 명성도 높아졌다. 헤이콕스는 전 세계 서점 가운데 최초로 북카페를 도입한 오리건 주 포틀랜드의

　　　　　　　　세계 예술마을은 무엇으로 사는가

파월스 북스를 벤치마킹하였다. 서점 옆에는 영화관이 들어섰다. 리처드 부스 서점은 서점의 역할을 넘어 헤이온와이의 문화 중심이 되어가고 있는 것이다.

헤이 성도 시네마 서점도 더 이상 리처드 부스가 주인이 아니다. 시네마 서점은 경영상의 어려움을 이기지 못하고 매각해야 했으며, 헤이 성 역시 고령과 건강상의 이유로 새로운 주인을 맞았다.

뇌종양 수술을 받아 죽음의 문턱에서 살아 돌아온 리처드 부스는 그후로도 말레이시아의 캄풍부쿠 책마을을 지원하고, 아프리카 말리의 팀북투에 책마을을 건설하는 일에 앞장섰다. 벨기에의 르뒤, 네덜란드의 브레더보르트 등 유럽의 책마을들은 그의 지원 아래 튼튼히 뿌리를 내렸다. 남프랑스의 몽톨리외에는 직접 책방을 내기까지 했다.

"헌책의 새로운 정의를 아십니까? 대형 마트에서는 팔지 않는 것, 그

몇 개의 큰 서점을 뺀 책방들은 작고 앙증맞다.

래서 작은 마을의 희망이 될 수 있는 것입니다."

리처드 부스에게 책마을은 거대 자본에 의해 해체되어가는 농촌사회의 희망이자 대안이었다.

헤이온와이의 서점들은 전문화되어 있는 것이 특징이다. 작은 서점들은 영미문학, 추리소설, 시, 원예, 영화, 아동, 일러스트 등 특정분야 서적들만 취급함으로써 자신의 경쟁력을 높이고 있다. 아덴 서점은 백년을 훌쩍 넘긴 희귀 원예도서까지 구비하고 있는 원예 전문서점이다. 포이트리 북숍은 이름 그대로 시 전문서점이고, 보즈 북스는 19세기 작가들의 초판본을 구비하고 있다. 로지스 북스는 귀중본 어린이 도서를 구할 수 있는 서점이다.

헤이온와이에는 서점만 있는 게 아니다. 관광객이 증가함에 따라, 수요에 부응하기 위해 많은 레스토랑과 카페, 호텔이 들어섰다. 민박을 포함한 숙박업소가 130곳이 넘는다. 공방, 갤러리, 골동품점, 기념품점도 생겨났다. 책방에서 시작해 관광과 문화 소비의 중심지로 뿌리를 내린 것이다.

좁은 골목 안에 박혀 있는 헤이온와이의 가게들은 서점만큼이나 개성이 뚜렷하다. 어디에서든 볼 수 있는 제품을 사기 위해 헤이온와이를 찾을 사람은 없다는 게 리처드 부스의 철학이었다. 그리하여 오래된 웨일스의 민예품을 파는 상점, 장인이 운영하는 보석세공점, 골동품점, 전통음식을 파는 가게 등이 헤이온와이만의 특성을 만들어내고 있다.

매주 목요일 오전에 헤이 성 아래 공터에서는 중세의 모습을 간직한 재래시장이 선다. 19세기 초부터 시작되어 2백 년 가까운 역사를 자랑

세계 예술마을은 무엇으로 사는가

한다고 한다. 우리가 방문했을 때는 목요일 오후인데도 일부 철시하지 않은 가게들이 문을 열고 있었다.

1천500여 명이 사는 작은 시골 마을에 연간 50만 명 이상의 관광객이 찾게 된 지도 20년이 넘었다. 헤이온와이는 웨일즈에서 가장 유명한 관광지의 지위를 누리고 있다.

뿐만 아니다. 헤이온와이는 인근 지역주민들에게도 매력적인 문화 중심지로 받아들여지고 있다. 런던이나 웨일스의 수도인 카디프 등지에서 헤이온와이로 삶의 터전을 옮겨온 사람들도 적지 않다.

지속가능한 발전, 그리고 헤이 페스티벌

1988년 봄부터 헤이온와이에서는 해마다 책 축제Hay Festival of Literature and Arts가 열린다. 영국뿐 아니라 세계 각지에서 저명한 문인들과 저자들이 초대되고 이들을 만나기 위해 관람객들이 모여든다. 헤이 페스티벌은 전 세계에서 가장 알찬 문학 축제로 꼽힌다. 《뉴욕타임스》는 '영어 사용 세계에서 가장 명망 높은 축제', 빌 클린턴 전 미국 대통령은 '정신의 우드스탁'이라고 추켜세운 바 있다.

우리는 헤이온와이 방문 계획을 짜면서 페스티벌 기간으로 날짜를 잡았다. 2011년 가을부터 파주북소리 책 축제를 열 계획인 만큼, 세인의 칭송이 자자한 헤이 페스티벌 현장을 보고 싶었다.

페스티벌이 시작되기 이틀 전 오후에 런던 히드로 공항에 내렸다. 그러고는 북으로 달렸다. 런던 시내에는 맞춤한 호텔이 없었다. 첼시 플라워쇼 때문에 호텔이 동이 났다는 것이다. 버스가 도착한 곳은 치핑노턴이라는 작은 시골마을이었다. 옥스퍼드에서도 한참을 내달렸으니 공항에서 한 시간 반 이상이 좋이 걸린 셈이다.

이런 것도 일종의 전화위복이라고 할 수 있을까? 한동안 풀밭만이 보이는 시골길을 구불구불 달리기에 외진 구석에 내동댕이쳐지는 느낌이었는데, 이게 웬 횡재인가 싶었다. 빅토리아 양식의 고색창연한 건물이 눈앞에 떡 하니 버티고 서 있지 않은가? 근동을 손아귀에 쥐고 흔들었을 중세 영주의 대저택인 듯하였다. 객실이 200여 실에 이르니, 그 크기를 미루어 짐작할 수 있으리라. 수만 평방미터에 이르는 잘 가꾸어진 정원이며, 목초지, 끝없이 펼쳐진 풀밭 너머의 밀밭... 쉬엄쉬엄 다리쉼을 해가며 우리네 시골과는 너무도 다른 이국적인 전원 풍경을 만끽하였다.

다음날 아침의 첫 행선지는 셰익스피어의 고향인 스트랫포드 어폰 에이번이었다. 호텔에서 차로 삼사십 분이면 닿는 거리였다. 셰익스피어를 팔아먹고 사는 도시의 문맥과 코티지 풍의 건물을 특징으로 하는 셰익스피어 생가 근처의 보행자 전용도로를 살펴보고 싶었다.

점심을 해결한 곳은 레드버리라는 작은 도시였다. 그곳을 택한 이유는 작고 알찬 시詩 축제가 열리는 곳이기 때문이었다. 레드버리에서 인상적이었던 것은 처치 스트리트라고 하는 골목길이었다. 두 사람이 겨우 비껴갈 만한 좁은 골목 양쪽에 박물관이며 예스러운 건물들이 모여 있었다.

세계 예술마을은 무엇으로 사는가

웨일스
Wales

잉글랜드
England

헤이온와이 ★
책마을
문학축제

레드버리
★
시 축제

★ 스트랫포드
어폰에이번

런던 ★
테이트모던
와핑프로젝트
해크니
채링크로스 책방거리

헤이온와이는 웨일스와 잉글랜드의 경계에 위치하고 있다.

　우연히 골목 어귀에서 레드버리 시 축제 사무국을 발견하였다. 어렵사리 입구를 찾아 낡은 계단을 밟고 2층으로 올라갔다. 온갖 서류와 잡동사니가 빼곡한 비좁은 사무실에서 세 사람이 일하고 있었다. 자초지종을 설명하고 몇 가지 궁금한 사항을 물었다. 자신들은 축제를 끌고 가는 사람들이지만 자원봉사자라고 하였다. 재정 형편이 넉넉지 못해 자원활동가로 사무국을 꾸려간다는 것이었다. 가까운 헤이온와이에서 큰 문학 축제가 열리기 때문에, 관람객을 그곳에 빼앗기고 주목도가 떨어질 수밖에 없다며 아쉬워하였다.

　"레드버리 시 축제는 영국 최고의 축제다."

영국 계관시인 앤드류 모턴의 말이다. 다소의 과장이 섞였더라도 알 토란 같은 시 축제임을 알게 해주는 말이다.

헤이온와이의 관문인 헤리퍼드를 지나 30분 남짓 서쪽으로 버스를 달리자, 초원지대만이 펼쳐지던 풍광이 변하기 시작하였다. 낮은 구릉 지대가 시작된 것이다. 이십 분쯤 더 달렸을까? 버스가 멈췄다. 헤이온와이 마을 주차장이었다.

우선 마을을 한 바퀴 둘러보기로 했다. 세 시간 남짓 시간의 여유가 있었다. 설레는 마음으로 안내소부터 들렀다. 헤이온와이 자료를 챙기고 지도를 집어든 일행은 바쁜 발걸음으로 마을로 들어섰다. 모두들 다시는 못 올 곳인 양 서점을 들락거리고 눈에 띄는 책을 고르느라 여념이 없었다.

다음날이 헤이 페스티벌 개막일이었음에도, 마을 안 몇몇 곳에 간이 천막이 설치되어 있는 외에는 별다른 움직임이 느껴지지 않았다. 축제의 규모가 커지면서 2005년부터 마을 바깥에 축제장을 별도로 조성한 탓이었다. 눈 깜짝할 사이에 약속한 시간이 휘 흘러가버렸다.

버스에 오른 우리는 축제 행사장을 지나 숙소가 자리한 란드린도드웰스로 향했다. 란드린도드웰스는 헤이온와이가 속한 포위스 카운티의 소재지다. 헤이온와이에서 한 시간이나 가야 하는 곳에 숙소를 잡은 이유는 파주시 대표들과 함께 가는 만큼, 혹여 포위스 카운티를 공식 방문하게 되지 않을까 하는 생각에서였다. 포위스 카운티와 접촉을 시도하였지만, 별반 반응이 없었다. 사실 축제기간 중에 헤이온와이 마

　　　　　　　세계 예술마을은 무엇으로 사는가

시 축제가 열리는 레드버리의 역사문화유산을 간직하고 있는 처치 스트리트.

을 내의 숙소를 구하는 것은 하늘의 별 따기다. 숙소의 대부분이 소규모 비앤비인데다 축제 기간의 숙박은 한해 전에 예약하지 않으면 안된다고 한다.

축제 행사장은 마을에서 500미터쯤 떨어진 풀밭지대에 자리하고 있었다. 개막을 앞두고 마지막 준비에 분주한 모습이었다. 얼추 추산해 보니 수십 동의 텐트가 세워져 있는 행사장 면적만 1만 평이 넘을 것 같았다. 축제장 인근의 넓은 초원 여기저기에는 주차장이 마련되어 있었다.

란도린도드웰스로 가는 길은 한동안 와이 강을 따라 나란히 나 있었다. 그림 같은 풍광이 이어졌다. 웨일스에서 가장 아름답고 유서 깊은 길이라고 한다.

다음날 아침 일찍 호텔을 나섰다. 축제의 요모조모를 살펴보기 위해서였다. 안타깝게도 전날 밤부터 계속해서 가랑비가 내리고 있었다.

평일인 목요일 아침인데다 프로그램이 몇 안되는 날이어서 관람객은 그다지 많지 않았다. 행사장 안으로 들어서니, 서너 무리의 꽤 많은 학생들이 줄지어 입장을 기다리고 있었다. 헤이 피버라고 하는 어린이 축제 프로그램에 참가하는 학생들이었다.

헤이 축제에는 개막식이 없다. 개막일 아침부터 대뜸 프로그램이 시작된다. 처음 이틀은 축제 워밍업처럼 느껴졌다. 첫날은 십여 개, 둘째 날은 이십여 개의 프로그램이 마련되어 있었다. 프로그램북을 보니 토요일부터 폐막일인 그 다음 주 일요일까지는 하루 프로그램이 오륙십 개에 달했다. 열하루 동안 진행되는 프로그램이 물경 550여 개나 되었다. 아침 9시에 시작되는 프로그램이 있는가 하면, 매일 밤 10시 넘어서

세계 예술마을은 무엇으로 사는가

까지 프로그램이 진행되는 게 신기했다.

행사장은 거대한 인공 도시였다. 20동 이상의 대형 천막이 줄지어 있고, 천막과 천막은 회랑으로 이어져 있었다. 천막으로 에워싸인 안쪽 공터에는 작은 파빌리온, 조형물, 그리고 쉼터가 조성되어 있었다.

놀라운 것은 하나하나 천막의 규모였다. 10여 개의 천막 파빌리온이 계단식 객석으로 꾸며져 있고, 그 가운데는 1천5백 석이 넘는 것도 있었다. 행사장 뒤편에는 어김없이 텔레비전 카메라가 설치되어 있었다. 헤이 페스티벌이 언론과 함께 성장해 온 것임을 실감할 수 있었다. 헤이 페스티벌의 타이틀 스폰서는 주로 언론기관이었다. 《선데이 타임스》 《가디언》 등. 2011년의 타이틀 스폰서는 《텔레그래프》, 방송 스폰서는 스카이 ARTS였다.

헤이 축제는 많은 사람들이 헤이온와이를 찾는 또 하나의 이유가 되었다. 축제의 성공은 책마을의 가치를 더욱 높이고, 지속가능한 발전을 보장해 주고 있다. 해마다 헤이 축제에 20만 명이 넘는 외지인이 방문하고, 수백만 파운드의 관광수입이 발생하기 때문만은 아니다.

헤이 페스티벌에는 흔히 다른 축제에서 만나게 되는 왁자함이 없다. 축제란 모름지기 재미있어야 한다고 강변하는 사람도 없다. 책 축제임에도 행사장에서 책을 팔기 위해 안달하지 않는다. 그 넓은 축제장에 단 하나의 책 판매 부스만 마련되어 있었다.

사람들은 책 문화를 즐기기 위해 헤이 페스티벌을 찾는다. 5백 개가 넘는 프로그램의 대부분은 저자와 독자가 만나는 행사다. 저자는 독자를 만나기 위해, 독자는 저자를 만나기 위해 먼 길을 마다하지 않는다.

모든 아이디어는 어디에선가 시작됩니다.
헤이 페스티벌에서 최신의 아이디어를 따라잡으십시오.

헤이 페스티벌의 프로그램북 뒤표지에서 발견한 문구다. 낮으나 강렬한 울림이 호소력 있게 느껴졌다. 첨단 유행을 따라가듯이 책 축제에 와서 가장 최신 지식사회의 흐름이 어디로 흘러가는지 직접 느끼고, 더불어 새롭고도 창의적인 아이디어를 얻어가라는 의미로 읽혔다. 책 축제의 존재이유이자 주최측의 자신감이 물씬 묻어나는 표현이 아닐 수 없다.

그래서일까? 헤이 페스티벌의 프로그램은 대부분 유료다. 축제장에 와서 강연, 대담, 저자와의 대화 같은 프로그램 하나하나를 매번 우리 돈 만 원 정도씩 내고 참가할 사람들이 우리 사회에는 얼마나 될까? 종일 진행되는 연속기획의 입장료는 우리 돈으로 5만 원 남짓 되었다. 수만 명의 독자들이 산골마을까지 달려와 자신들이 얻어가는 지식과 아이디어에 상응하는 값을 치르기에 헤이 페스티벌은 흑자를 낸다. 정부의 지원에 의존하지 않고 페스티벌이 자생할 수 있는 문화 풍토가 부러웠다.

며칠 후 신경숙 작가의 대담 프로그램이 잡혀 있었다. 소설《엄마를 부탁해》가 세계무대에 알려진 덕분이다. 경제학자 장하준 교수의 강연도 일요일 황금시간대 프로그램으로 편성되어 있었다.

헤이 페스티벌은 세계의 하고많은 축제 가운데 으뜸 축제의 하나로 확고히 자리잡았다. 헤이 페스티벌의 놀라움은 공간적 한계마저 뛰어넘고 있는 점이다. 헤이온와이라는 지리적 공간에 갇히지 않고, 세계로

세계 예술마을은 무엇으로 사는가

세계 최고의 지식축제 헤이 페스티벌의 어린이 프로그램.

자신의 영역을 확장해 가고 있다. 런던과 북아일랜드의 벨파스트를 시작으로 2009년 케냐의 나이로비와 레바논의 베이루트에서 자매 책 축제를 시작하였으며, 2010년 멕시코의 사카테카스, 인도의 케랄라, 몰디브, 2011년 남아프리카의 케이프타운, 멕시코의 할라파 책 축제에 이르기까지 자신들의 정신과 축제 노하우를 전수해 주고 있는 것이다. 이 같은 공로로 헤이 페스티벌은 2009년에 영국 '여왕상'을 수상하였다. 여왕상은 수출, 과학, 기술, 환경 분야에서 공을 세운 기업에 주는 상이다.

페스티벌 행사장을 둘러본 우리는 다시 마을로 돌아와 책방을 찾았다. 지치면 카페에 들러 다리쉼을 하고, 개성 있는 상점에 들러 획일성을 거부하는 헤이온와이만의 문화를 체험하였다.

리처드 부스를 만나게 된 것은 헤이 성에 들러 넌지시 면담을 청했기 때문이다. 김언호 사장이 한국에서 왔다며 리처드 부스를 만날 수 있느냐고 점원에게 조심스레 물었다. 여종업원은 그가 어디에 있는지 모른다며 모르쇠를 잡았다. 애초에 큰 기대를 하고 물었던 것이 아니라서, 우리는 다시 책 구경 속으로 빠져들었다.

그 사이 김 사장은 욕심나는 고서를 두어 권 골라냈다. 타고난 책 사냥꾼인 그는 세계를 돌며 책을 사 모으는 재미에 빠져 있었다. 윌리엄 모리스가 캠스콧 공방에서 찍어낸 귀한 책 전질을 수중에 두고 있을 만큼, 그의 책 모으기 열정은 차원을 달리하고 있었다.

몇 십만 원짜리 고서를 계산대 위에 올려놓자 점원들의 태도가 달라졌다. 여종업원이 계산을 하는 사이에 남자 점원이 어딘가에 전화를 넣어 리처드 부스의 소재를 파악하는 눈치였다. 그러더니 부스가 몸이

세계 예술마을은 무엇으로 사는가

안 좋아 휴식을 취하는 중이니 딱 20분만 만날 수 있다며 면담을 주선해 주었다.

그는 자신의 차로 마을에서 꽤 떨어진 부스의 집까지 우리를 실어다 주었다. 김 사장과 김정선 보진재 사장 그리고 필자 이렇게 세 사람이었다. 그때 우리 셋만 헤이 성에 있었던 탓이다.

관광객으로 넘쳐나지만 헤이온와이는 여전히 목가적인 전원마을의 체취를 간직하고 있다. 디지털 문명이 아무리 세상을 집어 삼켜도, 책은 영원히 죽지 않는다는 것이 헤이온와이 사람들의 믿음이다.

책에 대한 사랑이 우리를 하나로 모은다!

Amor librorum nos unit!

서적상들의 모토처럼 사람들을 헤이온와이로 이끈 힘은 책에 대한 사랑이었으리라.

헤이온와이 가는 길

📍 Hay-on-Wye, Herefordshire, United Kingdom

🚗 M4 고속도로 24번 나들목(뉴포트)을 나와 A449, A40, A479, B4350 도로 경유. 또는 M40, A40, A49, B4348 도로 이용.

🚉 런던 패딩턴역에서 헤리포드까지는 기차, 헤리포드역에서 39, 39A번 버스 이용.

🌐 www.hay-on-wye.co.uk

세계 예술마을은 무엇으로 사는가

그 뿌리는
보헤미안 예술가 공동체였다

카멜

미국
United States

내 아들 내 누이여
꿈꾸어보라
그곳에서 함께할 즐거움을
한가로이 사랑하고
사랑하다 죽으리
그대를 닮은 나라에서

— 샤를르 보들레르

캘리포니아는 해안 풍경이 아름답기로 유명하다. 그 가운데서도 몬터레이 반도를 으뜸으로 치는 모양이다.

여섯째 날까지 신은 세상만물을 창조했고,
일곱째 날 몬터레이 반도를 만들었다.

몬터레이 카운티 사람들이 하는 말이다. 자기 고장의 빼어난 풍광에 얼마나 자긍심을 갖고 있는지를 엿보게 한다.

몬터레이 반도는 태평양을 낀 천혜의 자연환경을 자랑할 뿐 아니라, 사계절 기후가 온화하여 주거에도 최적의 조건을 갖추고 있다. 캘리포니아 초기 역사는 이곳을 빼놓고 이야기할 수 없다. 한동안 역사의 뒤안길로 밀리는 듯했지만, 사람살이에 더없이 좋은 환경을 바탕으로 문화와 예술의 고장으로 변모하였다. 그 중심에 카멜Carmel-by-the-Sea이 있다.

〈에덴의 동쪽〉: 존 스타인벡과 제임스 딘

실리콘밸리의 중심도시 산호세에서 묵은 우리 일행은 인텔 뮤지엄과 스탠포드 대학을 가볍게 둘러본 후 살리나스로 향했다. 몬터레이 카운티의 동쪽에 해당하는 곳이다. 그곳을 찾은 이유는 몬터레이를 배경으로 주옥 같은 작품을 남긴 존 스타인벡 기념관National Steinbeck Center을 둘러보기 위해서였다.

살리나스는 옛 모습이 변하지 않은 작은 도시였다. 인구가 15만 명으로 중부 캘리포니아의 농업 중심도시라지만 얼핏 보아 그만한 풍모도 느껴지지 않았다. 도시 중앙로의 끝자락쯤에 스타인벡 기념관이 있었다.

전시관을 들어서자 보통의 문학관과는 다른 느낌이 전해져 왔다. 사방에서 영상자료가 돌아가고 있었다. 문학관은 대체로 텍스트 중심의 정적인 공간이다. 그에 비하면 스타인벡 기념관의 전시는 매우 동적이고 입체적이라고 말할 수 있겠다. 영화화된 작품이 유독 많아서일 것이다.

스타인벡은 1929년에 첫 작품 〈황금의 잔〉을 발표한 이래 〈에덴의 동쪽〉〈캐너리 로〉〈진주〉〈분노의 포도〉〈불만의 겨울〉 등 문학사에 남는 많은 작품을 세상에 내놓았다. 그는 〈분노의 포도〉로 퓰리처

세계 예술마을은 무엇으로 사는가

상을, 〈불만의 겨울〉로 노벨 문학상을 받았다. 한때 그의 작품세계를 받아들일 수 없었던 미국사회가 금서, 분서 소동을 일으킨 것을 생각하면 통쾌한 문학적 복수라 할 수 있을지 모르겠다.

스타인벡의 작품은 여러 편이 영화화되었다. 우리에게 가장 익숙한 것은 제임스 딘이 주연한 〈에덴의 동쪽〉일 것이다. "우리 어머니는 창녀였어." "내게는 어머니의 피가 흐르지." 영화 속에서 이렇게 외치던 제임스 딘은 전후戰後의 방황하는 젊은이를 표상하는 아이콘이었다.

〈에덴의 동쪽〉은 살리나스를 무대로 한 작품이다. 그래서일까? 만년의 스타인벡은 이렇게 말했다.

내 생애를 통해 배울 수 있는 모든 것이 들어 있는 작품이다.

마침 2002년은 스타인벡이 태어난 지 백 주년이 되는 해였다. 탄생 백 주년을 기리는 행사가 살리나스와 몬터레이 등에서 다채롭게 펼쳐졌다. 뿐만 아니라 살리나스에서는 해마다 스타인벡 페스티벌이 열린다.

가까이에 있는 스타인벡 생가를 거쳐 몬터레이로 향했다. 살리나스에서 몬터레이까지는 30킬로미터 남짓한 거리다.

도중에 샌드시티Sand City라는 곳을 지났다. 모래가 많아 그런 이름이 붙었다고 가이드가 알려주었다. 그렇다면 거대한 사구砂丘라는 이야기였다. 자세히 보니 주위가 온통 모래언덕이었다. 얼핏 숲처럼 보이는 곳도 실은 모래더미 위에 초목이 자라 있었다.

얼마 전에 사진작가 석동일 형, 화가 이성미 선생 등과 몇이서 신안 앞바다 우이도에 간 기억이 났다. 우리나라에서 사구가 가장 발달

몬터레이의 영화를 상징하던 캐너리 로. 외관은 옛 모습 그대로다.

된 곳이라 했다. 안면도 꽃지해수욕장 사구는 개발 바람에 많이 파괴되었다며, 우이도만이라도 원형대로 지켜졌으면 하던 일이 설핏 떠올랐다.

샌드시티를 지나자 도로가 해안가에 바짝 붙어 있었다. 캘리포니아 남쪽 끝자락의 샌디에이고에서 북쪽의 워싱턴 주 시애틀까지 태평양 해안을 따라 이어지는 길이다. 미국인들은 이 길을 태평양 코스트 하이웨이라고 부른다. 1번 하이웨이라고도 한다. 하이웨이라는 이름에 걸맞지 않게 길은 왕복 2차선에 지나지 않았다. 자동차 전용도로도 아니었다.

오른쪽 차창 밖은 짙은 쪽빛 바다였다. 바다는 언제 보아도 평화롭

세계 예술마을은 무엇으로 사는가

다. 수평선 끝이 보이지 않았다. 점점이 몇 척의 배가 보였다. 아름다웠다. 그러나 '신이 만들었다'는 몬터레이 반도의 절경은 아직 느끼기 어려웠다.

갈림길이 나타났다. 버스는 오른쪽 바닷가 길로 직진하였다. 1번 하이웨이에서 벗어난 것이다. 몬터레이 반도를 일주하는 길이다. 몬터레이, 퍼시픽 그로브, 페블 비치를 거쳐 카멜로 이어진다. 카멜에서 다시 1번 하이웨이와 합류할 수 있다.

몬터레이 팝 페스티벌
: 록 페스티벌의 효시

왼쪽 산기슭과 숲속에 그림 같은 마을이 연신 지나갔다. 몬터레이가 미국에서 가장 부유한 사람들이 사는 곳 가운데 하나라는 말이 실감났다.

몬터레이 시가지에 들어서자 항구에 수백 척의 요트가 정박해 있었다. 그 옆으로 '옛 어부들의 부두'Old Fisherman's Wharf가 보였다. 부두 앞은 주자장이었다. 차에서 내려 잠시 휴식을 취하기로 했다.

'옛 어부들의 부두'는 잔교 형식으로 바다에 떠 있었다. 부두 바닥과 그 위에 지어진 건물은 목조였다. 고래며 정어리를 잡은 어선들이 줄지어 드나들던 곳이다. 더 이상 그런 모습을 볼 수는 없다. 지금은 관광객들만 넘쳐난다. 옛 영화는 사라졌지만, 그 유산이 후손들을 먹여 살리고 있는 것이다.

부두의 규모는 꽤 컸다. 입점해 있는 가게만도 줄잡아 30여 군데는 되었다. 선물가게와 해산물 레스토랑이 대종을 이루고 있었다. 수산물을 파는 곳이 몇 되고, 극장도 눈에 띄었다. 부두 끝에 몬터레이 만과 고래를 구경시켜주는 크루즈선이 정박해 있었다. 부두가 지어진 것은 1946년이라고 한다. 몬터레이의 어업이 한창 주가를 올리던 시기다.

몬터레이는 캘리포니아의 첫 주도州都였다. 미국에 편입되기 전에는 멕시코 땅이었다. 멕시코 땅이었을 때부터 행정의 중심지였다. 그래서 지금도 1850년 이전에 지어진 건물만 40동 이상 남아 있다고 한다.

몬터레이라는 이름은 이곳이 스페인령 멕시코 땅이 될 당시의 멕시코 총독 이름에서 따왔다. 몬터레이뿐 아니라 캘리포니아의 주요 지명은 대부분 스페인어로 되어 있다. 스페인 사람들이 캘리포니아 연안을 먼저 탐험하였기 때문이다. 유럽 사람들 관점에서 하는 이야기다. 그리고 19세기 중반까지 스페인과 멕시코가 통치하였기 때문이다.

몬터레이는 캘리포니아 최초의 극장, 학교, 도서관, 인쇄소가 세워진 곳이다. 캘리포니아의 근대문명이 이곳 몬터레이를 중심으로 시작되었다 할 수 있다. 캘리포니아 주의 헌법도 1879년 이곳에서 제정되었다.

1850년경부터 고래잡이의 본거지가 되었다. 1900년 이후에는 정어리 통조림 사업으로 번창하게 된다. 그러던 어느 날 홀연 몬터레이 앞바다에서 정어리들이 자취를 감추었다. 행정의 중심지에서 어업으로 옮아간 몬터레이의 산업은 큰 타격을 받았다.

그렇지만 몬터레이는 아름다운 자연을 발판으로 많은 사람이 거주하고 싶은 곳으로 탈바꿈하였다. 이곳을 찾는 관광객만도 한 해 5백만 명에 달한다고 한다.

부두에서 1.5킬로미터 남짓 해안가를 따라가면 스타인벡의 소설에 등장하는 캐너리 로가 나타난다. 스타인벡은 어린 시절의 한때를 이곳에서 보냈다. 소설 〈캐너리 로〉에서 스타인벡은 어업으로 번창하던 몬터레이 항구와 그 이면의 황량함을 그렸다. 소설은 같은 이름의 영화로 만들어졌다. 닉 놀테와 데브라 윙거가 주연하였다.

캐너리 로는 여전히 옛 모습을 간직하고 있었다. 당시의 건물이 전부 그대로 보존되고 있는 것이다. 그러나 기능은 완전히 바뀌었다. 마지막 통조림 공장이 1973년에 문을 닫으면서 캐너리 로는 새롭게 태어났다.

바닷가에 면한 가장 큰 통조림 공장은 수족관으로 면모를 일신하였다. 나머지 공장 건물은 호텔, 레스토랑, 카페, 선물가게, 앤티크 가게, 부티크 등으로 탈바꿈하였다. 관광객들이 많이 찾는 까닭에 방문객을 위한 안내소도 들어섰다.

몬터레이 만 수족관은 1984년 문을 열었다. 세계에서 몇 손가락 안에 드는 수족관이라고 한다. 다른 곳의 수족관들과 달리 바닷물을 유입시켜 실내 바다를 재현하였다. 그만큼 생동감 있게 바닷속 생물의 세계를 재현해 놓았다. 그러나 수족관은 우리의 관심대상이 아니었다.

매년 9월 세 번째 주말이면 몬터레이에 볼거리가 하나 는다. 미국에서 가장 오래된 재즈 축제인 몬터레이 재즈 페스티벌이 열리는 것이다. 페스티벌은 사흘 밤 동안 계속된다. 행사기간 동안 세계 각지에서 수백 명의 뮤지션과 유명인사들이 방문한다고 한다. 6월에는 블루스 페스티

데이비드 럼지가 그린 지도 속의 1940년대 카멜. 지금의 모습과 크게 다르지 않다.

벌, 9월에는 레게 페스티벌과 국제영화제가 열린다.

한편 몬터레이는 대형 록 페스티벌의 발상지로도 일컬어진다. 우드 스탁에 앞서 1967년 여름 몬터레이 팝 페스티벌이 열렸던 것이다. 당시 마마스&파파스, 사이먼&가펑클, 스콧 매킨지를 비롯한 톱스타들이 총출동하였으며, 영국에서 성공을 거둔 기타리스트 지미 핸드릭스도 이 페스티벌을 통해 미국 무대에 데뷔하였다. 참여관객만 5만 명이 넘는 것으로 추산되었다. 몬터레이 팝 페스티벌은 오늘날 세계 각지에서 펼쳐지는 대형 록 페스티벌의 효시였다.

캐너리 로에서 해안을 끼고 계속 돌아나가면 수만 마리의 왕나비들이 이동하면서 쉬어가는 곳으로 유명한 퍼시픽 그로브가 나온다. 거기서부터 가장 아름다운 해안도로의 하나라는 '17마일 드라이브'가 시작된다.

캐너리 로를 둘러본 우리는 버스를 타고 카멜로 이동하였다. '17마일 드라이브' 길을 통해.

바닷가 길인데도 숲이 무성했다. 사람들의 발길이 뜸해서일까? 이곳은 사유지라고 한다.

도로를 통과하기 위해서는 돈을 내야 했다. 몬터레이 반도를 찾는 수많은 사람들이 가장 손꼽는 비경이 '17마일 드라이브'라고 하니 도로 통행세만도 짭짤할 것이다. 도로의 소유자는 그 유명한 페블비치 골프장이다.

세계 예술마을은 무엇으로 사는가

8백 명의 화가와 80개의 갤러리

17마일 드라이브를 빠져나오면 카멜로 들어가는 작은 도로와 만난다. 그 길은 오션 애비뉴라고 하는 카멜에서 가장 넓은 도로와 연결된다. 이 길만이 카멜의 유일한 4차선 도로다. 카멜 시가지를 동서로 관통하는 중심도로다.

오션 애비뉴의 끝은 카멜 비치 입구다. 송림이 우거진 사이를 내려가면 초승달 모양의 백사장과 넘실거리는 태평양이 태곳적 모습으로 자태를 드러낸다.

영화 〈지상에서 영원으로〉From Here to Eternity에서 버트 랭카스터와 데보라 카가 열정적인 러브 신을 선보인 바로 그곳이다. 포개진 두 사람의 몸 위를 파도가 덮치며 흰 포말을 만들어낼 때 누구라도 전율을 느끼지 않을 수 있었을까? 그 장면은 영화사상 가장 유명한 키스 신으로 인구에 회자된다.

〈지상에서 영원으로〉는 버트 랭카스터, 몽고메리 클리프트, 프랭크 시내트라, 데보라 카, 도나 리드 등 쟁쟁한 배우들이 열연한 영화로 유명하다. 8개 부문에서 아카데미상을 수상한 흑백영화다. 국내 극장에서 개봉되었고, TV에서도 방영되었다.

카멜 비치는 영화가 촬영된 지 반세기가 지난 지금도 옛 모습 그대로 아름다웠다. 해변을 산책하는 사람들이 여럿 눈에 띄었다. 대부분 큰 개를 데리고 있었다. 모래사장 끝의 바다가 시작되는 지점에도 사람들이 보였다. 몇몇은 맨발인 채 파도를 맞고 있었다.

잠시 백사장을 거닐었다. 모래가 참 고왔다. 바다 쪽은 끝간 데 없이 틔어 있었다. 뒤쪽은 소나무 숲이었다. 숲에 가려 시가지는 보이지 않았다. 멀리 숲속에 박힌 집이 몇 채 눈에 띌 뿐이었다.

아무리 경치가 아름답기로서니 바닷가에 오래 머물 일은 아니었다. 채 십분도 못되어 백사장을 빠져나왔다. 개를 데리고 해변으로 향하던 사람 하나가 소나무 밑에서 뭔가를 집어 들었다. 쓰레기 봉투였다.

그래서 이렇게 백사장이 깨끗했구나 하는 생각이 들었다. 백사장에서 쓰레기 하나 발견할 수 없었던 것이다. 언제부터인가 해수욕장에 가지를 않는다. 해수욕장마다 넘쳐나는 쓰레기 더미에 질려서였다. 무인도에서조차 썩어가는 쓰레기 냄새에 코를 막아야 했던 기억이 또렷하다. 권리 못지않게 의무가 중요하다는 사실을 새삼 깨달을 수 있었다.

카멜 사람들이 아름다운 자연과 마을 환경을 지키기 위해 기울이는 노력은 본받을 필요가 있다. 의지만 갖고 되는 게 아니기 때문에, 그들은 몇 가지 자신들만의 특별법을 만들었다.

카멜에서는 주거지역이 만들어지면 숲을 먼저 조성해야 한다. 자기 땅에 집을 짓더라도 나무를 베지 않고, 있는 그대로의 자연을 살려 집을 지어야 한다. 나무를 다른 장소로 옮기거나 가지치기를 하기 위해서는 허가를 받아야 한다.

해변의 아름다움을 지키기 위해 해변법도 만들었다. 카멜에서는 우

세계 예술마을은 무엇으로 사는가

리나라 해변이나 계곡에서 얼굴을 찌푸려야만 하는 고성방가를 들을 수 없다. 파라솔이나 텐트도 금지된다.

카멜 시내로 들어서니 꼭 동화 속에 와 있는 느낌이었다. 같은 미국이라지만 다른 곳과는 느낌이 달랐다. 무엇보다 건축물들이 아름답기 때문이었다. 그 아름다움은 조화에서 오는 것이었다. 대부분의 건축물들은 목조나 석조였다. 조화로움을 살리기 위해 다른 재료는 엄격히 제한되었다.

카멜에 마을이 조성되기 시작한 지 한 세기가 갓 지났다. 어찌 보면 카멜의 도시 정체성은 초창기에 형성된 그대로 이어지고 있는 것 같다. 카멜레온처럼 변신을 밥 먹듯 하는 시대에 대단한 미덕이다.

하지만 건축양식이 여전히 동화속 마을 같은 형태여야 하는지는 의문이다. 양식적으로는 세월을 한참 거슬러 올라간 '흘러간 노래' 아닌가?

이곳 시민인 영화배우 클린트 이스트우드에 관한 일화가 있다. 자신의 집을 개축하려다 곤욕을 치렀다는 것이다. 시의 지나친 간섭에 화가 난 클린트 이스트우드는 규제를 피해 자기 집을 짓기 위해 시장에 출마했다고 한다. 가이드한테 들은 말이니 얼마만큼 사실인지는 모르겠다. 조화를 중시하는 엄격한 건축법이 시행되고 있음을 알게 해주는 에피소드다.

그런 클린트 이스트우드도 시장이 된 뒤 지역발전에 적잖이 기여하였다고 한다. 대표적인 것이 개발업자에게 넘어갈 뻔했던 1850년대의 미션 목장을 살려놓은 일이다. 덕분에 경관 좋은 해안가의 넓은 낙농장

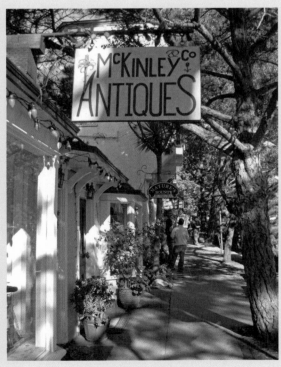

카멜 비치와 카멜 시가지.
아름다운 자연은 시가지라도
다를 게 없다.

이 원형을 잃지 않고 살아남을 수 있었다. 여행안내 책자는 운치 있는 미션 목장에서의 식사와 일박을 권하고 있었다.

한 폭의 그림 같은 정경을 보여주는 카멜의 진짜 멋은 건물 내에 자리한 가게들에 있었다. 한 집 건너라고 할 만큼 갤러리들이 많았다. 60개라고도 하고 80개라는 소리도 들렸다. 자유로이 공간을 둘러볼 수 있는 시내의 작가 스튜디오를 합하면 1백여 곳에 달하는 모양이었다.

가이드에게 묻고, 안내소에서 묻고, 들르는 상점에서도 묻고 하여 괜찮다는 갤러리 몇 곳을 소개받았다. 다른 사람들도 비슷한 과정을 거쳤는지 들르는 갤러리에서마다 우리 일행을 만났다.

그림의 수준과 다루는 장르가 매우 다양했다. 펑거허트 갤러리는 세계적인 거장들과 떠오르는 컨템포러리 작가들의 작품을 취급하고 있었다. 하트 갤러리와 핸슨 갤러리 같은 곳도 국제적인 네트워크를 자랑하는 갤러리다. 그러나 대부분의 갤러리는 이 지역 또는 캘리포니아 일대를 기반으로 활동하는 작가들의 작품을 취급하고 있었다.

앤티크 가게도 10여 곳이 넘는다. 가게에 따라 미국 앤티크만을 팔기도 하고, 어떤 곳들은 유럽, 아프리카, 아시아의 골동품을 취급한다. 우리나라 골동품을 파는 가게도 눈에 띄었다.

작은 골목을 접어들거나 안마당을 사이에 두고 여러 가게들이 입점해 있는 건물 사이사이를 누비노라면, 곳곳에 숨어 있는 작고 예쁜 공방, 작가 스튜디오, 선물가게, 서점, 카페, 레스토랑을 만날 수 있다. 눈썰미 좋은 사람이라면 보물찾기라도 하듯 즐길 수 있을 것이다.

가게들을 더욱 특색 있게 만들어주는 것은 아름다운 간판이었다. 눈에 거슬리는 간판이 눈에 띄지 않았다. 하나같이 예술적 느낌이 묻어났다. 큰 것만이 좋은 게 아니라는 것을 거듭 확인할 수 있었다.

　카멜을 건설한 사람들은 전원 생활의 신비감과 작은 마을의 느낌을 유지하려고 애썼다. 그 노력은 지금도 꾸준히 이어지고 있다. 주거지구에는 보도를 두지 않았다. 차보다 사람이 우선이기 때문이다. 가로등도 눈에 띄지 않았다.

　카멜에는 주소가 없다. 각각의 집은 누구누구네 집으로 불린다. 이게 더 인간적일 것 같다는 생각을 해본다.

　이런 특성은 보헤미안 기질을 지닌 예술가들한테서 비롯되었다. 예술가들이 카멜의 개척자였다. 1906년 샌프란시스코에 대지진이 발생하였다. 지진과 화재로 시내의 많은 건물들이 파괴되었다. 졸지에 삶의 터전을 잃은 예술가들의 일부가 보다 안전하고 작업에 적합한 환경을 찾아 카멜로 이주하였다. 그들은 바닷가 숲속에 통나무집을 지었다.

　당시 카멜은 돈도 적게 들고 예술가들이 원하는 보헤미안적 삶이 유지되기에 적합한 곳이었다. 그들은 어려운 환경 속에서도 예술 공동체를 만들기 위해 애썼다. 1907년 예술공예 클럽하우스를 설립하고, 1910년에는 숲속에 극장을 세웠다.

　'야외 숲속극장'Outdoor Forest Theatre은 카멜 예술 공동체에서 오랜 기간 중요한 역할을 해왔다. 지금도 '카멜 셰익스피어 페스티벌'을 비롯한 많은 행사가 열린다.

　카멜의 주요 문화 공공시설은 숲속극장 외에 선셋센터Sunset Community and Cultural Center, 도서관Harrison Memorial Library, 골든 바우 극장 Golden Bough Playhouse 등이다. 선셋센터는 '카멜 바흐 페스티벌'과 '몬터레

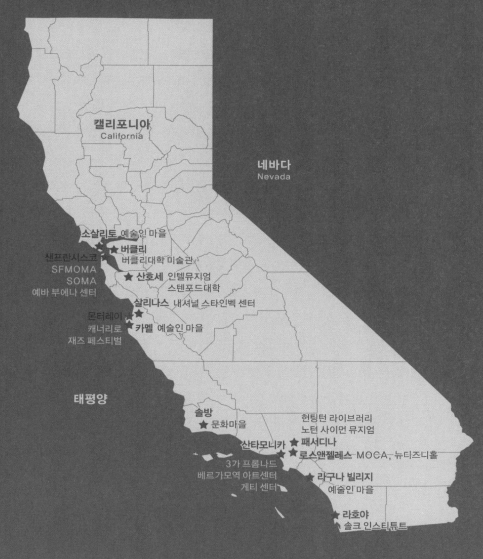

캘리포니아
California

네바다
Nevada

소살리토 예술인 마을
샌프란시스코 ★ 버클리
SFMOMA 버클리대학 미술관
SOMA
예바 부에나 센터 ★ 산호세 인텔뮤지엄
스텐포드대학
살리나스 내셔널 스타인벡 센터
몬터레이
캐너리로 ★ 카멜 예술인 마을
재즈 페스티벌

태평양

솔방
★ 문화마을 헌팅턴 라이브러리
노턴 사이먼 뮤지엄
산타모니카 ★ 패서디나
★ 로스앤젤레스 MOCA, 뉴디즈니홀
3가 프롬나드
베르가모역 아트센터 ★ 라구나 빌리지
게티 센터 예술인 마을

★ 라호야
솔크 인스티튜트

샌프란시스코와 소살리토에서부터 카멜을 거쳐
샌디에이고 인근까지 캘리포니아를 종단하는 일정으로 문화탐방이 진행되었다.

이 카운티 심포니' 공연을 포함한 카멜 문화예술 활동의 중심 장소다.

카멜 바흐 페스티벌은 20여 일 동안 백여 개의 크고 작은 이벤트가 벌어지는 큰 축제이다. 10월에 열리는 '카멜 퍼포밍 아트 페스티벌'에서는 콘서트, 뮤지컬, 강연, 연극, 시낭송 등이 2주 넘게 펼쳐진다. 이밖에도 '카멜 아트 페스티벌'을 비롯한 다양한 행사가 연중 벌어진다. 이들 행사에는 카멜 지역에 거주하는 예술가들뿐 아니라 전 세계의 예술가들이 초빙된다.

어떤 기록에 의하면, 카멜 인구 4천7백 명 가운데 화가가 8백 명이라고 한다. 믿기 어려운 숫자다. 그러나 카멜에는 화가뿐 아니라 문인, 드라마 작가, 배우, 엔터테이너, 과학자 등 여러 분야의 예술인들과 지식인들이 살고 있다. 이들을 모두 합하면 상당한 숫자가 되리라는 짐작을 해본다. 초창기 한때 거주자의 60퍼센트가 예술 관련 일에 종사했다는 기록을 확인하였다. 세계적 지명도를 가진 예술가들도 꽤 되었다.

카멜을 제대로 둘러보기 위해서는 먼저 마음의 여유를 가져야 한다. 볼 것이 많고 적음의 문제가 아니다. 느린 걸음으로 거리를 걷다가 어느 찻집 테라스에 앉아 쉬기도 하고, 벽난로 피운 저녁 카페에서 맥주 한잔 기울이는 낭만은 있어야 하지 않을까?

카멜은 바닷가에 위치해 여름에도 날씨가 서늘하다. 저녁에는 제법 쌀쌀한 날이 많다. 그래서 대부분의 레스토랑과 카페에는 벽난로가 설치되어 있고, 연중 불을 지핀다고 한다. 아예 마당에 벽난로를 설치한 곳도 있다. 여름밤의 벽난로, 제법 낭만적일 것 같다.

예술가들이 모이는 어느 카페에서 그들과 맥주 한잔 나눌 수 있으

세계 예술마을은 무엇으로 사는가

면 좀 좋을까? 그것이 여의치 않다면 일행끼리라도 낯선 도시에서의
낭만을 즐겨보는 거다. 그렇지 않고서야 어디 카멜을 여행했다 할 수
있을까?

그러니 우리는 낙제다. 겨우 하루도 머물지 못한 채 수박 겉핥기로
한 바퀴 빙 둘러보고는 떠나야 하니.

카멜 안내서에 이런 글귀가 보였다.

걷는 데 편한 신발 필수. (시 조례는 하이힐 착용을 금합니다!)

운동화를 신든 구두를 신든 그것은 각자의 자유겠지만, 자기 마을
에 대한 강한 자긍심이 있기에 '감히' 그런 무례한(?) 조례를 제정할 수
있지 않았을까?

카멜 밸리 가는 길. 유칼립투스 가로수가 멋스럽다.

잊지 못할 카멜 밸리의 추억

우리는 이날 뜻밖에 분에 넘치는 호사를 했다. 카멜 밸리에서 밤늦도록 파티를 즐겼던 것이다. 예정에 없던 일이었다.

김언호 이사장과 친분이 있는 홍원평 선생 덕이었다. 홍 선생은 카멜 밸리에 있는 지인의 집에 우리를 초대해 주었다. 그리고 파티를 열어주었다.

원래 서울에서 출발하기 전에 홍 선생에게 우리의 미국 답사여행을 알려주었다. 홍 선생이 여행을 좋아하는데다가 헤이리에 관심을 갖던 참이어서, 여행에 동참하도록 권유하기 위해서였다. 홍 선생은 우리의 여행 일정에 맞추어 카멜에 와 기다리고 있었다. 그리고 잊지 못할 추억을 만들어주었다. 어느 집 한 군데쯤 들러 가지 않으면 카멜을 방문하지 않은 것이나 마찬가지라는 생각에서, 그런 특별 이벤트를 마련해 준 것이었다. 다시금 감사의 마음을 전하고 싶다.

카멜 밸리는 카멜에서 내륙으로 얼마쯤 들어간 곳이었다. 카멜에서 시간을 지체한 우리는 해질 무렵에야 길을 나섰다. 약속장소인 쇼핑센터 주차장에 도착하고 보니 거기서부터는 길이 좁아 버스가 갈 수 없다고 한다. 홍 선생 일행이 세 대의 차량을 준비해 놓고 있었다. 일행이 스

세계 예술마을은 무엇으로 사는가

물두 명이나 되기 때문에 1진, 2진으로 나누어 타야 했다. 홍선생 일행은 우리를 집으로 맞이할 때와 전송할 때 모두 그렇게 같은 길을 반복 운행하는 수고로움을 마다하지 않았다.

차를 타고 보니 짧지 않은 거리였다. 게다가 산등성이를 한없이 올라가는 것이었다. 이런 곳에도 집을 짓고 사는구나 싶었다.

우리가 도착했을 때는 이미 해가 진 다음이었지만, 아직 서쪽 하늘에 저녁놀의 잔영이 어스름히 남아 있었다. 그 황홀한 정경은 모두의 입에서 감탄사가 튀어나오게 만들었다.

일행은 한동안 테라스에서 들어갈 줄을 몰랐다. 어둠에 덮여가는 대자연의 웅장함이 신비로움을 더해 주었다. 높다란 산 위에서 그런 광경을 구경하기란 흔한 일이 아니다. 더러 지리산 같은 곳의 산장에서 비슷한 경험을 하기는 했지만, 경우가 달랐다.

자연의 환대보다 더 정겨운 사람의 환대가 있었던 것이다. 사람이 기거하는 멋진 집이 있고, 마음이 통하는 벗들이 있고, 맛있는 음식과 술이 준비되어 있었다. 그곳에서 우리를 맞아준 이들과 수인사를 나누다 보니 몇몇은 이미 서로 아는 사이였다. 그중에는 금호현악사중주단 단원이었던 김의명 선생도 끼여 있었다.

어느새 하늘에는 뭇별들이 빼곡했다. 누구라도 시인이 되고 음악가가 되지 않을 수 없었다. 분위기에 취한 안종만 사장이 구성진 목소리로 노래를 한 곡 뽑았다. 박노해 시인은 나직한 목소리로 자작시를 낭송하였다.

잊을 수 없는 카멜의 추억 한 막이 그렇게 채워졌다. 아쉬움을 아랑곳하지 않고 시간은 흘러갔다. 어느새 자정이 가까워오고 있었다. 숙소로 이동하기 위해 산을 내려오는 길은 선계에서 속계로 가는 길이었다. 별들은 더욱 초롱초롱 빛나고 있었다.

카멜 가는 길

📍 Carmel-by-the-Sea, CA, United States

🚗 샌프란시스코에서 101번 고속도로를 타고 남행, 프루네데일에서 몬터레이 반도 표지판을 따라 156번 도로로 빠져나옴. 156번, 1번 도로거쳐 카멜 도착. 2시간 30분 소요. 로스앤젤레스에서는 6시간 걸림.

✈️ 카멜에서 자동차로 15분 거리에 몬터레이 공항(국내선) 위치.

🌐 ci.carmel.ca.us/carmel / www.carmelcalifornia.com

세계 예술마을은 무엇으로 사는가

건축을 통해 도시를 바꾸다

구마모토 아트폴리스

일본 (규슈)
Japan (Kyushu)

여명이 밝아올 즈음
불타는 인내로 무장한 우리는
찬란한 도시로 입성할 것이다.

— 아르튀르 랭보

구마몬. 현재 일본에서 가장 인기를 구가하는 캐릭터의 이름이다. '헬로 키티 이후 가장 성공한 캐릭터 상품'이라는 평가를 받는 이 제품의 개발자는 놀랍게도 전문회사가 아닌 시골 벽지의 지방자치단체다. 관광객 감소를 고민하던 일본 구마모토熊本 현은 자기 고장의 이름인 '구마'(熊)와 '사람'(몬)을 합친 구마몬이라는 이름의 곰 캐릭터를 개발해 2011년 세상에 내놓았다. '구마몬'은 공전의 인기를 끌어 지난해 1조 원이 넘는 매출을 기록했다고 한다. 캐릭터 하나로 지자체가 살아난 것이다.

구마모토에는 새로운 것을 발상하고 만들어내는 DNA라도 있는 것인가? 구마모토 아트폴리스artpolis라는 프로젝트로 세계를 놀라게 한 데 이어 다시금 화제의 중심으로 떠오른 이 지자체의 내밀한 곳에 어떤 창조의 원천이 숨겨져 있는지 자못 궁금하다.

구마몬과 구마모토 아트폴리스가 전혀 다른 두 개의 별종이 아니라, 구마모토 아트폴리스의 문화적 성과가 구마몬으로 이어진 것 아니냐고 한다면 지나친 억측일까?

규슈로 떠난 답사여행

구마모토 아트폴리스. 처음엔 무슨 뜻인지 몰랐다. 구마모토 지역에 있는 독특한 건축지구쯤 되려니 생각했다.

후쿠오카의 넥서스월드하고 구마모토 아트폴리스는 꼭 가보라고들 했다. 한국에서 건축을 전공하는 사람이면 안 들르는 사람이 없다고.

나중에 알고 보니 일본 구마모토 현에서 전개하고 있는 건축운동 프로젝트였다. 그렇다면 사실에 충실하게 작명할 일이지, 왜 이렇게 혼란스럽게 한담 하는 헛웃음부터 나왔다. 일본사람들의 기발한 외래어 작명법 하나는 알아줘야 한다.

넥서스월드는 또 어떤가? 넥서스nexus는 넥스트next와 어스us의 합성어라지 않은가? 본시 넥서스라는 낱말이 없는 것은 아니지만, 사전에 없는 뜻을 지어냈으니 신조어다. 굳이 풀이해 보자면 '다음 세대(시대)의 우리'쯤 될까? 그들은 미래에 대한 비전을 표현한 말이라고 천연덕스럽게 주석을 달아놓는다.

어색한 말도 자주 들으면 익숙해진다. 이제는 별 생각 없이 당연한 이름으로 받아들이고 있으니.

세계 예술마을은 무엇으로 사는가

'건축을 통해 도시를 바꾼 문화운동' '문화와 디자인, 아이디어라는 바탕 위에서 구마모토 현 전체의 문화 지형을 재정립' '후세에 남길 수 있는 문화 자산을 창조'... 아트폴리스에 보내는 찬사들이다.

가슴이 뛰지 않을 수 없었다. 눈에 띄는 기록들은 하나같이 최상의 칭찬을 쏟아내고 있었다.

우리는 규슈로 달려가기로 했다. 1999년 11월의 일이다. 헤이리에서 마련한 네 번째 해외답사였다.

이 당시 헤이리는 마을이 들어설 부지를 막 변경한 상태였다. 규모가 2배 반으로 커졌다. 뜻을 같이하는 회원들을 훨씬 많이 새로 모아야 했다. 그러기 위해서는 넓어진 공간에 담아낼 비전과 프로그램을 위해 좀더 지혜를 모아야 했다.

규슈 건축문화 답사는 우리의 안목과 지혜를 높여줄 것으로 기대되었다. 아트폴리스와 넥서스월드 두 프로젝트가 도시와 건축에 대한 철학, 그리고 새로운 비전을 제시하고 있기 때문이었다.

답사 프로그램이 헤이리 회원들을 만족시키기는 쉽지 않다. 관심의 폭이 넓기 때문이다. 건축뿐 아니라 새로운 개념의 도시개발 사례나 예술마을 같은 소재를 찾아내는 것이 항상 중요하였다. 그래서 우리는 두 프로젝트를 기본 축으로 하면서 규슈 일대의 몇 군데를 더 둘러보기로 계획을 짰다.

후쿠오카, 아리타, 구마모토. 우리의 주요한 답사 코스였다. 기분이 묘했다. 세 도시 모두 조선시대의 가장 참혹했던 7년전쟁과 깊숙이 관계되는 곳이었다. 후쿠오카는 구로다 나가마사가 건설한 도시다. 구마

넥서스월드
넥서스 모모치
캐널시티
★ 그린 그린
후쿠오카 아크로스

유후인
★

오카와치야마
★ 도예마을
★ 찌쿠고
사세보 다케오 규슈예문관
★ 도서관 ★ 오쿠니 초
★ 아리타 ★ U스테이션
유미하리
유리미술관 ★ 야마가 ★ 아소
현립장식고분관 구사센리 화장실

★ 구마모토
구마모토성
북경찰서

★ 야쓰시로
시립박물관

일본 (규슈)
Japan (Kyushu)

* 1차 답사 여정 : 후쿠오카 → 아리타 → 오카와치야마 → 사세보 → 야쓰시로 → 구마모토 → 야마가.
* 2차 답사 여정 : 다케오 → 오카와치야마 → 유후인 → 오쿠니초 → 아소 → 찌쿠고 → 후쿠오카.

모토는 가토 기요마사가 세웠다. 두 사람은 7년전쟁에서 일본군의 야전 사령관들이었다. 가토 기요마사는 제2군을, 구로다 나가마사는 제3군을 이끌고 우리 국토를 유린하였다. 가장 먼저 한반도로 짓쳐들어온 제1군의 사령관은 고니시 유키나가였다. 그 역시 규슈에 영지를 갖고 있었다. 구마모토 현의 일부가 되어 있는 우토가 그의 본거지였다. 아리타는 일본에 끌려간 조선 도공들에 의해 도자문화가 꽃피었다. 아리타 북쪽에 위치한 나고야名護屋 성은 7년전쟁의 출진기지였다. 일본 제3의 도시인 나고야名古屋와는 다른 곳이다.

우리 한국인이 가장 사랑하는 시인 윤동주는 1945년 2월 16일 후쿠오카 감옥에서 숨을 거두었다. 만 28세의 젊은 나이였다. "잎새에 이는 바람에도" 괴로워하고, 바깥세상에서도 "밤이면 밤마다 나의 거울을 손바닥으로 발바닥으로 닦아보자"고 스스로를 참회하던 감수성 예민한 시인이 이국땅의 차가운 감방 안에서 영문도 모른 채 죽어가야 했다. 식민지 지식인의 비극이었다.

후쿠오카를 중심으로 하는 북규슈는 지난 2천 년간 한반도에서 일본으로 전해지던 문화전파의 주요 통로였다. 한반도에서 대마도와 이키 섬을 거쳐 후쿠오카로 이어지는 길이 고대 실크로드의 끝자락이었다. 그런데 우리는 일본의 건축문화를 한수 배우기 위해 현해탄을 건너고 있었다.

아시아 태평양 도시로 산다

후쿠오카는 1989년 '아시아 태평양 도시로 산다'고 선언했다. '아시아태평양박람회'가 후쿠오카에서 열린 것이 계기였다. 과거의 역사무대에서 아시아 대륙과 일본을 이어주는 역할을 수행했듯이, 대륙을 향한 관문으로서의 지역 정체성을 확고히 하겠다는 뜻이었다. 박람회를 전후해 해변에 신시가지를 조성하고 도심을 재개발하는 의욕적인 프로젝트가 추진되었다. 도시의 경관을 획기적으로 바꿈으로써 미래 도시로 비상하겠다는 의지였다.

후쿠오카는 일본의 현대건축을 짧은 기간에 맛볼 수 있는 조건을 갖추고 있다. 그중에서도 넥서스월드, 씨사이드 모모치, 하카다 부두, 캐널 시티, 알 팔라초 호텔 등이 주요 순방지가 되어 있다. 아크로스(후쿠오카 현 국제회관), 하얏트 리젠시 호텔 등 답사할 만한 건물은 계속 늘어나고 있다.

비행기가 후쿠오카 공항에 내린 시간은 대략 1시였다. 점심을 먹고 첫 방문지로 택한 곳은 씨사이드 모모치였다. 씨사이드Seaside라는 이름에서 알 수 있듯이, 이곳은 해안가이다. 하카다 만에 면해 있다.

제일 먼저 규슈 지역의 건축가들이 설계에 참여한 '규슈 주택지구'

를 둘러보았다. 낮은 단독주택으로 이루어진 이곳은 건축가들의 작품답지 않게 수수하였다. 일본적인 특색을 담아내려고 노력한 흔적이 역력했다.

우리는 골목길을 걸으며 작은 장치들을 통해 전체의 조화를 살려간 건축기법과 골목길에 생기를 불어넣은 조영기법에 때때로 감탄사를 내뱉곤 했다. 담장을 낮은 생울타리로 조성한 것과 거의 모든 주차장이 잔디블록 형태로 되어 있는 것이 인상적이었다. 국제적인 건축양식의 흐름 속에서 현대건축과 지역성의 문제를 생각해 보게 하는 곳이었다.

주택 지구를 둘러보고 대로변으로 나오면 세계건축가거리와 만난다. 한 블록에 걸쳐 길 양쪽으로 7개 동의 건축물이 마주보고 있다. 마이클 그레이브스, 스탠리 타이거맨 등 외국 건축가들과 구로자와 기쇼, 이츠에 간 등 일본 건축가들이 설계에 참여하였다.

도로 한쪽편으로는 4개동의 집합주택이 늘어서 있었다. 아시아태평양박람회의 부속 행사였던 '주택환경전'을 위해 세워졌다. 전시 파빌리온으로 사용한 후 보강공사를 통해 주택으로 완성시켰다고 한다. 길 건너편의 3개 동은 상업시설이었다.

씨사이드 모모치는 해안을 매립해 조성한 곳이다. 전체 면적이 140만 평방미터에 달하는 신시가지다. 우리가 건축적 관심을 갖고 둘러본 지역은 그 일부로서 '넥서스 모모치'라고 불린다.

1989년의 '주택환경전'과 그 성과물인 '넥서스 모모치'의 영향을 받은 대형 주거단지가 지구 내에 새로이 조성되었다. 마이클 그레이브스가 설계한 '모모치 레지덴셜'이 그 중심이 되는 건축물이다.

씨사이드 모모치 지구 안에는 후쿠오카 타워와 후쿠오카 돔을 비롯한 후쿠오카의 랜드마크로 떠오른 여러 시설들이 공존한다. 2.5킬로 미터에 이르는 해변 백사장도 인공으로 조성한 것이다.

캐널 시티는 후쿠오카 중심부에 자리한 복합건물의 이름이다. 폐기된 공장부지에 지어졌다고 하는데, 6개의 건물 사이로 물길을 끌어들여 이색적인 경관을 연출하였다. 2개의 호텔과 콘서트홀, 멀티플렉스 영화관, 실내 놀이동산, 그리고 2백여 개의 점포로 구성되어 있다.

빌딩 사이의 아트리움은 라이브 공연, 콘서트, 벼룩시장 등의 장소로 사용된다. 아트리움 물길 속에 세워진 아트 분수가 인상적이었다. 아트리움에 면한 건물 각층에 보행자통로가 마련되어 있어 위에서도 이벤트를 구경할 수 있게 되어 있다.

건물 사이를 거닐다가 우연히 백남준 선생의 비디오 아트 설치작품을 발견하였다. 한쪽 벽면을 꽉 채우고 있는 대형작품이었다. 우리나라의 백화점이나 대형 쇼핑몰 어디에서도 백남준 선생의 작품을 본 적이 없다는 데 생각이 미쳤다. 백남준 선생이 관연 큰 작가로구나 하는 기쁨과 함께 우리 문화의 척박함에 대한 씁쓸한 상념이 순간적으로 교직되었다.

캐널 시티는 도쿄의 록본기힐스와 마찬가지로 문화와의 접목을 시도한 복합상업몰이다. 1996년에 지어졌으니 이후 일본 도심 재개발의 한 모델 역할을 한 셈이다. 다소 여유 공간이 부족해 보이기는 하지만, 건물 사이를 회랑으로 연결하고, 인공운하를 만들고, 건물 사이에 꽤 넓은 아트리움을 조성한 점은 높이 평가해도 좋을 듯했다.

세계 예술마을은 무엇으로 사는가

넥서스월드, 그 빛과 그림자

넥서스월드는 후쿠오카 변두리 가시이 구에 위치한 집합주택단지이다. 우리는 이곳을 3박4일 일정 마지막 날에 방문하였다. 귀국하는 날 오전이었다. 전날까지 맑던 날씨가 일순 변하여 추적추적 가랑비가 내리고 있었다. 주변은 우리나라 도시 변두리에서 흔히 보는 우중충한 상자 모양의 연립주택이 빼곡한 곳이었다.

버스에서 내린 순간 몇 동의 건물이 눈앞을 막아섰다. 한눈에 알아볼 수 있었다. 주변의 건물과 형태며 디자인이 너무 달랐기 때문이다. 그렇다고 자자하던 명성이 느껴질 만큼 화려한 건물들은 아니었다. 베를린이나 파리에서 보았던 건축 프로젝트하고는 단일건물의 크기나 전체규모에서 비교될 수 없는 작은 규모였다.

10여 동의 건물이 도로를 따라 기역자 형태로 늘어서 있었다. 스티븐 홀, 렘 콜하스, 마크 맥, 이시야마 오사무, 크리스티앙 포잠박, 오스카 투스케 등 여섯 사람이 설계하였다. 하나같이 세계적인 건축가들이다.

코디네이터로서 전체를 총괄한 사람은 이소자키 아라타였다. 이소자키는 구마모토 아트폴리스의 초대 커미셔너이기도 하다. 이번에 답사한 두 프로젝트 모두를 이소자키가 쥐락펴락한 셈이다.

건축 전공자들의 필수 답사 코스로 꼽히는 넥서스월드. 렘 콜하스 설계 주택.

건물 안으로 들어가 볼 수는 없었다. 2백여 호에 이르는 하나하나의 주택이 전부 개인 소유의 공간이기 때문이었다. 찾아오는 사람이 많아서인지 주민들은 잔뜩 경계심을 갖고 있는 것 같았다. 건물마다 굳게 문이 닫혀 있었다.

하나하나 건물을 돌아보았다. 건물 입구마다 설계한 건축가의 이름을 새긴 아담한 크기의 금속판이 부착되어 있었다. 한국에서는 여간해서 볼 수 없는 풍경이었기에 새로웠다. 건축문화가 발전하기 위해서는 설계한 건축가를 예우하는 풍토가 마련되어야 할 것이다.

간혹 건축가들한테서 자조 섞인 푸념을 들을 수 있었다. 한국에 건축가가 어디 있느냐고, 대다수 사람들에게 건축가라는 개념조차 없을 것이라는 이야기였다. 건축물 준공식 날 거창한 행사를 벌이면서 그 건축물을 설계한 건축가를 소개하는 일조차 없다는 것이었다. 단상 위에

세계 예술마을은 무엇으로 사는가

자리도 마련되어 있지 않으니, 건축가는 못 올 곳을 온 사람마냥 머쓱해 하며 뒷자리 주변을 맴도는 게 우리 현실이다.

각 건축물의 높이는 3층에서 6층까지 서로 차이가 있었다. 사용하고 있는 재료도 각기 달랐다. 마크 맥의 건물은 빨강과 노랑의 강렬한 원색을 사용하고 있었다. 서구 고전주의 느낌을 풍기는 투스케의 작품에서부터 해체주의 경향을 느끼게 하는 이시야마의 작품까지 건축언어도 제각각이었다.

코디네이터와 건축가들의 깊은 생각이 있었을 터이지만, 전체적인 조화는 결여되어 보였다. 기존의 오브제로서의 건축을 극복해 보자는 당시 헤이리에서의 논의와는 상당한 거리감이 느껴졌다. 서로 다른 철학을 가진 건축가들을 모아 통일감 있는 건축세계를 만들어내는 것이 쉬운 일이 아님을 알 수 있었다.

우리가 본 것은 넥서스월드 프로젝트의 1기 건축물이었다. 당초 계획을 보면 제2기에는 이소자키가 설계하는 고층 집합주택이 쌍둥이 빌딩 형태로 부지 중앙에 세워진다고 되어 있었다. 앤드류 맥네어의 상업빌딩, 그리고 자하 하디드와 다니엘 리베스킨트의 폴리도 계획되어 있었다. 공원을 포함한 전체 랜드스케이프 디자인은 마서 슈왈츠가 담당할 예정이었다.

제2기 계획은 대부분 실현되지 못하고 수정되어야 했다. '꿈을 담는' 도시계획이 얼마나 어려운 일인지 새삼 실감할 수 있는 사례이기도 하다. 혹자는 넥서스월드 사업이 당시 일본사회가 버블경제였기 때문에 가능했다고 말하기도 한다. 결국 거품이 꺼지면서 넥서스월드의 꿈도 접을 수밖에 없었다는 것이다.

그렇다고 해서 넥서스월드의 의미가 사라지는 것은 아니다. 특히 지방정부와 민간이 힘을 합쳐 새로운 건축문화를 실험한 것은 높이 평가할 만하다. 거기에는 규슈라는 지역적 한계를 넘어 도쿄나 오사카 같은 대도시에 비견할 만한 특색 있는 도시를 만들겠다는 '꿈'이 담겨 있다.

2014년에 다시 넥서스월드를 가볼 기회가 있었다. 주변환경이 개선되고 사람살이의 켜가 쌓여서인지, 건물들의 모습이 좀더 차분하고 안정적으로 느껴졌다.

바람처럼 가벼운 건축

답사 셋째 날 우리는 구마모토로 향했다. 둘째 날은 아리타 일대의 도자기 마을을 둘러보았다.

번쩍 눈을 떴다. 방안이 몹시 밝았다. 햇볕이 쏟아져 들어오고 있었다. 뭔가 잘못되었다. 시계를 보았다. 이런 낭패가 있나. 시계는 8시를 가리키고 있었다. 부랴부랴 짐을 꾸려 달려 내려갔다. 허겁지겁 버스에 오르니 박수 세례를 퍼붓는다. 즐거운 야유였다. 미안한 마음에 더 고개를 들기 어려웠다.

8시에 출발 예정이었으니, 10분 이상 늦은 셈이다. 큰 실수였다. 필자는 헤이리 답사 때마다 준가이드를 자처해 왔다. 대부분의 답사 기획을 도맡아 짰던데다, 사무국 책임자이다 보니 불가피한 일이었다.

그런데 늦잠을 자고 말았다. 처음 일이었다. 전날 밤 일행 몇몇과 새벽녘까지 열띤 토론을 하며 어울린 게 화근이었다. 사진작가 석동일, 화가 이성미, 신경렬, 송주한, 김여옥, 금혜원 등이 그들이다.

이번 여행은 다른 답사 때보다 분위기가 한결 부드러웠다. 석동일 형과 신경렬 씨 등이 몹시 유머러스한 사람들이라서, 유쾌하게 어울리는 분위기를 주도하였다. 그런데다 이들 대부분이 토끼띠였다. 이날 난데없는 '토끼 모임'이 만들어졌다. '토끼 모임'은 버스 이동중에도 뒷자리를 점거한 채 시시때때로 웃음보를 선사하곤 하였다.

이들이 중심이 되어 귀국후 사진 모임이 만들어졌다. 석동일 형이 무료 지도를 자청하였다. 헤이리 사무국에서 몇 번 이론수업을 하더니 한동안 현장실습을 같이 다녔다. 이때 여행을 함께 하고 사진 모임에 참여한 천명옥 씨는 모임이 뜸해진 다음에도 독선생을 구하는 등 열심히 노

바람처럼 가벼운 느낌의 야쓰시로 시립박물관.

력하여 개인전을 개최하는 경지에 이르렀다.

버스는 구마모토 현을 가로질러 남으로 내달렸다. 가장 먼 곳부터 더듬어 올라올 예정이었다. 첫 방문지는 야쓰시로였다. 거기에는 이토 도요가 설계한 야쓰시로 시립박물관이 있었다. 이토 도요는 2005년 구마모토 아트폴리스 커미셔너로 취임하였다.

입구에서 보니 박물관은 넓은 잔디밭 한가운데 수줍게 놓여 있었다. 잔디밭이 살짝 솟아올라 낮은 구릉의 모습을 하고 있는 지점이었다. 그런데도 건물은 하늘로 돌출한 느낌을 주지 않았다. 언뜻 보면 낮은 건물 위에 몇 개의 차일을 쳐놓은 것 같았다. 가볍고 경쾌한 느낌이었다. 바람이 불면 날아갈 듯싶었다.

이토는 바람을 좋아하는 모양이었다. 이토의 건축을 '바람처럼 가벼운 건축'이라고 표현한 글귀가 생각났다. 야쓰시로 시립박물관에 앞서 이토는 실제 이름에 '바람'이 들어간 건축물을 설계하기도 했다. 요코하마에 지어진 '바람의 탑'이다. 원통형의 높은 빌딩으로 야경이 환상적이다.

박물관에 가까이 다가가니 차일은 금속판이었다. 그런데도 두께나 무거움이 느껴지지 않았다. 전시실은 지하에 있었다. 실제로는 지하가 아니라 1층이었다. 건물 뒤켠에서 보면 1층이었던 것이다. 1층으로 내려가 보았다. 계단 손잡이가 독특했다. 유선형의 금속관이 춤추듯 흐르는 형상이었다.

전시물은 그다지 흥미롭지 못했다. 옛날에 그곳 야쓰시로 성주였던 집안의 유물을 모아 전시하고 있었다.

세계 예술마을은 무엇으로 사는가

건축물의 지붕 위에는 차일 형상의 곡면 금속판 위로 납작한 타원형의 원통 구조물이 얹혀 있었다. 그다지 큰 공간으로는 느껴지지 않았다. 장식인 줄 알았다. 그런데 수장고라는 것이었다. 보통의 박물관이라면 지하에 두는 게 관례인 수장고가 금속판으로 둘러싸여 하늘에 떠 있으니, 유쾌하기 그지없는 발상이라는 생각이 들면서도 유물 보존에 문제는 없을지 고개가 갸우뚱거려졌다.

야쓰시로 시립박물관에서 놓치지 말아야 할 것이 하나 있다. 화장실이다. 건물 뒤켠의 주차장 부지 한쪽에서 옥외 화장실을 발견하였다. 하도 작아서 화장실인 줄은 생각지도 못했다. 우리 식으로 얘기하면 한 평 크기나 될까. 건물 전체가 노출콘크리트였다. 선박의 전면부처럼 날렵한 형상이 마치 잘빠진 조형물을 보는 것 같았다. 아름다웠다. 보듬어보고 싶었다. 세상에, 화장실을 다 안아보고 싶다니! 이런 화장실 몇 개 헤이리에도 짓고 싶었다.

평화로운 풍경이 좋아서 일행은 박물관 건물을 떠나려 하지 않았다. 더러는 2층의 카페테리아에서, 더러는 바깥 잔디밭에서 한동안 시간을 보냈다.

건축을 통해 도시를 바꾸다

버스에 오른 우리는 구마모토 시를 향해 달렸다. 벌써 점심시간이었다. 식당은 버스기사에게 부탁해 예약해 두었다. 호텔 식당이 아닌 다음에는 가격에 큰 차이가 없기 때문에 버스기사에게 맛있는 집 추천을 의뢰하였다. 기사는 우리의 기대를 저버리지 않았다. 답사기간 내내 점심 식사할 곳을 찾는 것은 그의 몫이었다. 여행사 사장이 우리 일행을 위해 직접 가이드로 나섰지만 점심만은 그렇게 해결했다.

버스기사는 구마모토 시내를 한참을 헤집고 들어가 중심지 어디쯤에 우리를 내려주었다. 수백 년 된 노포老鋪는 아니었지만, 제법 괜찮은 곳이었다. 식도락의 즐거움을 만끽하기 위해 메뉴를 미리 정하지 않고, 각자 주문하도록 하였다.

우리 중에는 일본어에 능통한 사람이 아무도 없었다. 일본어를 웬만큼 한다 해도 일본 음식이름이란 게 여간 복잡하지 않아 만만한 일이 아니다. 그래도 어찌어찌해서 음식 주문을 마쳤다.

문제는 다음이었다. 음식이 서빙되기 시작하자 사정이 훨씬 복잡해졌다. 도대체 모양만 보고서는 어떤 이름의 음식인지 알 수가 없었다. 누가 무엇을 시켰는지 시킨 사람조차 헷갈려 했다. 일행이 스물두 명이나 되니 보통일이 아니었다. 교통정리하느라 한동안 진땀을 흘려야 했다.

민생고를 해결한 우리는 다음 행선지를 구마모토 성으로 정했다. 구마모토 성은 가토 기요마사가 세운 성이다. 일본의 3대 성城으로 꼽히는 곳이다. 조선 출병에서 돌아온 가토가 7년에 걸친 공사 끝에 1607년에 완공하였다. 좀처럼 함락하기 어려운 난공불락의 성으로 유명하다.

생각보다 훨씬 크고 웅장한 성이었다. 2개의 천수각과 49개의 성루를 지닌 호화로운 성이라는 말이 실감났다. 조금 언덕진 곳에 자리하고 있는데다 숲이 잘 조성되어 있어서 전체적인 분위기는 오사카 성보다

세계 예술마을은 무엇으로 사는가

나왔다. 일본 제일의 소설가인 나쓰메 소세키가 구마모토를 '숲속의 도시'라고 부른 것을 구마모토 성에서도 체감할 수 있었다.

현재의 천수각은 1960년에 재건한 것이다. 천수각 지붕 밑에는 조선 기와공이 제조한 조선기와가 장식되어 있다고 한다.

구마모토 성은 1992년에 구마모토 아트폴리스가 선정한 구마모토 현내의 대표적인 기존건축물로 선정되었다. 구마모토 성 외에도 50여 개에 가까운 건축물이 아트폴리스 선정 기존건축물로 지정되었다.

이와 같은 제도를 시행하게 된 것은 아트폴리스 대상 건축물이 제한적이기 때문이었을 것이다. 시민들의 사랑을 받는 역사적으로 중요한 건축물들을 이 사업의 범주에 포함시킴으로써 시민들이 피부로 느낄 수 있도록 하자는 취지였다. 아트폴리스 선정 기존건축물의 목록에는 역사적인 건축물뿐 아니라 아트폴리스 사업이 시행되기 이전에 지어진 중요한 현대건축물까지 망라되어 있다.

1995년부터는 아트폴리스에 포함되지 않은 건축물 가운데 우수한 건축물을 표창하는 '구마모토 아트폴리스 추진상'이 신설되었다. 대상도 건축물뿐 아니라, 다리, 공원, 기념비 등으로 확장되었다.

구마모토 아트폴리스는 아주 독특하다. 흔히 볼 수 있는 도시개발계획과는 다르다. '건축을 통해 도시를 바꿔보겠다'며, 구마모토 현 전체에 좋은 디자인의 건축물을 지어나가고 있다. 80개가 넘는 건축물이 지어진 지금도 건축물들은 여전히 하나하나의 점으로 존재한다. 그래서 우리는 아트폴리스 대상 건축물인 야쓰시로 시립미술관을 보고서 수십 킬로미터를 달려와야 했던 것이다.

그렇지만 그들의 꿈은 옹골차다. 점으로 시작해 가짓수를 늘려가다

보면 선이 되고, 선이 늘어나 겹치다 보면 면이 될 것이라는 믿음을 갖고 있는 것이다. 아직 면이 되기에는 멀었지만, 옅은 색깔이나마 몇 개의 선은 그어졌지 싶다.

아트폴리스 프로젝트는 1988년에 시작되었다. 벌써 30년 가까이 된 셈이다. 발걸음이 많이 더뎌졌지만 아직도 프로젝트는 현재진행형이다. 세계적으로 드문 유례가 아닌가 싶다.

아트폴리스 사업이 성공한 가장 중요한 토대를 커미셔너 제도에서 찾는 이들이 많다. 세계적으로 명망 있는 건축가 이소자키 아라타가 초대 커미셔너를 맡았다. 이소자키의 권유를 받고 일본 국내외의 유명 건축가들이 흔쾌히 프로젝트에 참여하였다. 구마모토 현은 커미셔너에게 설계자를 선정하는 전권을 맡겼다. 관료의식이 강한 일본사회에서 찾아보기 어려운 일이었다.

커미셔너를 현내의 건축가 중에서 찾지 않고 국제적으로 신망 있는 건축가를 선정한 것도 중요한 결단이었다. 규슈 외진 곳에 자리한 구마모토 같은 곳은 지방색이 강할 수밖에 없다. 자기 지역의 건축가에게 커미셔너를 맡기자는 의론이 없었을 리 없다. 구마모토 현은 그곳 사정을 잘 모르는 커미셔너를 위해 지역사정을 잘 이해하는 현지의 원로 건축가를 어드바이저로 위촉해 커미셔너와 협력하도록 하였다.

이제 '구마모토 하면 건축'을 먼저 떠올리는 사람이 꽤 될 것이다. 일본 국내에서뿐 아니라 한국과 세계 여러 나라에서 구마모토 건축답사가 줄을 잇고 있다. 웅대한 아소 산의 자연과 온천 휴양지 정도로 굳어져 있던 구마모토 이미지의 환골탈태인 셈이다.

세계 예술마을은 무엇으로 사는가

구마모트 아트폴리스 건축물.
위에서부터 이시우치 댐 자료관, 호타쿠보 집합주택,
마미하라 다리, 신야쓰시로 역 조형물.

한 도시의 경관을 근본적으로 바꾸는 프로젝트는 세계 도처에서 진행되고 있다. 미테랑 대통령이 추진한 파리의 '그랑 프로제'Grand Project 와 베를린의 도시개조계획이 건축적으로 평가되는 대표적인 사례이다. 거기에 비견되는 프로젝트가 구마모토 아트폴리스다.

구마모토 아트폴리스는 베를린 IBA(국제건축박람회)의 영향을 크게 받았다. 미국 오하이오 주 콜럼부스 시의 건축지원 프로그램도 참조했다고 한다. 하늘에서 뚝 떨어지는 독창적인 것이 어디 있겠는가? 다른 곳의 앞선 사례를 자기 지역 실정에 맞게 창조적으로 적용하는 발상이 중요할 것이다.

베를린에서 IBA 프로젝트의 일부를 견할할 기회가 있었다. 콜럼부스 시의 사례는 비디오 테이프로 본 적이 있다. 건축가들은 베를린을 높이 평가하지만, 프로젝트의 규모와 위상이 헤이리와는 현격히 다른 차원이다. 반면에 콜럼부스는 좀더 가깝게 느껴졌다. 우수한 건축물과 아름도운 도시경관을 만들려는 노력을 한 세기 넘게 지속해 오고 있는 것으로 기억한다.

구마모토 아트폴리스 참가 건축물은 2015년 현재 92개에 이른다. 집합주택, 교육시설, 스포츠시설, 관광시설, 농업시설, 박물관, 미술관, 관공서 등에 걸쳐 폭넓게 포진되어 있다. 다리, 전망대, 공원, 조형물도 상당수 된다. 화장실만도 6개를 헤아린다. 이색적이라면 이색적일 수 있겠다. 시민들의 일상생활과 밀착한 속에서 삶의 질을 높여가겠다는 의지가 반영된 게 아닌가 싶다.

구마모토 북경찰서를 비롯한 경찰 시설이 대여섯 개 되는 것도 시선

세계 예술마을은 무엇으로 사는가

을 끄는 대목이다. 가장 권위적인 건축물에 최고 디자인의 옷을 입히고 있는 것이다. 쓰보이 파출소는 외국 건축가를 초빙해 설계하였다. 구마모토 역 파출소도 이탈리아와 영국 건축가 두 사람이 공동 설계하였다. 이곳 구마모토와 오카야마 서경찰서처럼 일본에는 경찰서의 모습을 디자인의 힘으로 바꾸어가는 곳이 여럿 있다.

그러나 어디든 어려움이 있기는 매한가지인 모양이다. 80개가 넘는 프로젝트 참가 건축물 가운데 민간 건축물은 네댓 개에 불과하다고 한다. 공공건축물만으로는 면面은 커녕 선線도 잇기 어려울 것이다.

우리는 원래 신치 하우징 단지를 둘러볼 계획이었다. 13헥타르 면적에 4천 명의 인구가 거주하는 서민아파트 단지이다. 국제적으로 폼 나는 프로젝트를 진행하면서 이같은 서민아파트를 핵심에 포함시킨 점이 높이 평가되었다.

우리나라에서 서민아파트를 유명 건축가가 설계했다는 이야기는 아직 들어본 적이 없다. 부산에선가 어느 아파트단지를 외국 건축가가 설계했다고 하지만, 그건 서민들의 삶과는 딴 세상의 이야기일 것이다.

신치 하우징 단지는 규모가 커서 효율적으로 둘러보기 어려운 곳이다. 꼼꼼히 살피자면 상당한 시간이 걸릴 터이었다. 게다가 우리의 주관심 대상이 아니었다. 우리 일행들이 작고 유니크한 건축물 위주의 답사를 원했기 때문이다.

우리는 다음 행선지인 안도 다다오의 건축을 향해 길을 떠났다. 구마모토 시내를 유유히 질러가는 구식 전차를 뒤로 한 채.

불협화음 속의 협화음

　구마모토 현립장식고분관. 어려운 이름이다. 이름만으로는 건물의 기능을 쉬 유추하기도 어렵다. 이 건물은 구마모토 현 북부의 고분古墳 지대에 위치한다. 후타고쓰카 고분이 바로 이웃해 있다. 후타고쓰카 고분은 일본 고대 묘의 특징인 전방후원분前方後圓墳이다. 마치 기다란 구식 열쇠의 구멍처럼 한쪽은 동그랗고 한쪽은 네모진 형태이다. 이곳을 비롯해 이 일대 고분에서 출토된 유물을 전시하는 박물관인 셈이다.

　주차장에 내리니 긴 계단이 보였다. 벽돌과 나무로 만든 계단이었다. 계단을 올라가서야 비로소 박물관 건물의 전모를 눈에 담을 수 있었다. 안도 다다오 특유의 노출콘크리트였다.

　먼저 박물관 건물의 옥상 테라스로 올라갔다. 주위 경관을 살펴보기 위해서였다. 멀리 고분들이 보였다. 마치 공원 같았다. 안도 다다오는 이 박물관 건물이 이 일대 고분군의 하나처럼 보이도록 설계개념을 잡았다고 한다. 그래서 그런지 건물에서 위압적인 느낌은 들지 않았다. 제일 큰 고분과 비슷한 높이를 상정하지 않았나 싶었다.

　자연스레 건물을 지하로 파내려가게 되었다. 이 역시 고분의 묘실墓

　　세계 예술마을은 무엇으로 사는가

室이 땅속에 있는 것과 같은 이치다. 옥상에서 전시실로 내려가기 위해서는 경사진 원형의 슬로프를 타고 내려가게 되어 있다. 슬로프의 중앙은 뻥 뚫려 있다. 마치 원형으로 크게 도려낸 듯한 그곳은 빛을 지하의 세계로 끌어들이는 장치이기도 하고, 지하 전시실의 안마당이 되기도 한다.

긴 슬로프를 타고 천천히 내려가면서 저도 모르게 숙연해짐을 느꼈다. 처음엔 박물관의 성격에 대해서는 그다지 관심을 갖지 않았다. 건축을 보러 갔기 때문이다. 나 같은 관람객을 예상해서였는지 모르겠다. 그 같은 장치를 해둔 것은.

전시실은 마치 고분 안이라도 되는 듯 조금은 음습하고 신묘한 기운이 느껴졌다. 조명과 빛을 절묘하게 사용한 연출이었다. 안도 다다오가 빛을 드라마틱하게 다루는 건축가라는 것을 새삼 느꼈다.

가장 현대적인 것과 가장 역사적인 것의 만남. 거장의 손에서 태어

고분의 하나처럼 보이는 현립장식고분관(안도 다다오 설계).

난 절묘한 '불협화음 속의 협화음' 같은 것이었다.

두 해 전에 다시 구마모토를 찾을 일이 있었다. 이번에는 오이타 쪽에서 구마모토 현으로 들어섰다. 구마모토 현의 초입은 현내의 가장 벽지라 할 수 있는 오쿠니초이다. 그곳에서 삼나무 트러스 공법으로 지은 U-Station이라는 독특한 건물을 만났다. 요 쇼에이가 설계한 건물인데, 아트폴리스와는 별도의 마을만들기 차원에서 지었다고 한다.

오쿠니초에서 남쪽으로 나아가면 활화산인 아소 산에 닿게 된다. 관광객이 붐비는 아소 산 나카다케 화구 초입에는 구마모토 아트폴리스 프로젝트에 포함된 두 개의 화장실이 놓여 있다. 쓰카모토 요시하루가 설계한 구사센리 공중화장실은 사방이 탁 트인 전망 좋은 휴게소 부지 내에 자리하고 있었다. 외장으로 사용한 편백나무 커튼월이 인상적이었다. 또 하나는 아소 산 로프웨이 승강장에 자리한 토토 아쿠아피

편백나무 커튼월이 인상적인 구사센리 공중화장실.

세계 예술마을은 무엇으로 사는가

트라는 이름의 공중화장실인데, 마침 아소 산의 분화구가 다량의 가스를 분출하고 있어서 접근이 불가능했다.

두 번째 여행길에서 만난 가장 인상 깊었던 건물은 규슈 예문관이었다. 구마모토 현과 후쿠오카 현의 경계 지점인 찌쿠고 시에 자리하고 있다. 오늘의 일본 건축을 이끄는 선두주자의 한 사람인 구마 겐고의 작품으로, 일본 전통 종이접기 공예인 오리가미를 연상시키는 건축이다.

답사의 대미를 장식한 것은 하카타 만 인공섬에 지어진 그린그린이라는 친환경 건물이었다. 이토 도요가 설계하였다. 규슈 하면 이소자키 아라타만을 떠올리고는 했는데, 구마모토와 관련된 두 차례의 건축답사 걸음이 이토 도요에서 시작해 이토 도요로 마무리된 것이 우연이라면 우연일까?

얼마 전 구마모토에서 큰 지진이 발생하였다. 많은 건축물이 파괴된 것을 보도를 통해 보았다. 구마모토 성도 천수각 지붕과 벽체의 일부가 무너져 내렸다. 구마모토 아트폴리스 건축물들이 건재하기를 비는 마음 간절하다.

구마모토 가는 길

🚐	후쿠오카에서 규슈 자동차도 이용.
🚆	JR하카타역에서 신칸센이나 JR열차 이용해 구마모토, 야쓰시로 등으로 이동. 구마모토역에서 규슈 횡단열차 이용해 아소 산(아소역 하차)이나 오이타로 이동.
🚌	후쿠오카 공항이나 하카타역 교통센터, 텐진 버스센터에서 구마모토행 고속버스 이용.
🌐	www.artpolis.co.kr
📍	熊本県立装飾古墳館 : 熊本県山鹿市鹿央町岩原3085 八代市立博物館 : 熊本県八代市西松江城町12-35 넥서스월드 : 福岡市東区香椎浜4丁目

세계 예술마을은 무엇으로 사는가

빌바오와
구겐하임 미술관

스페인
Spain

어떤 영혼들은 푸른 별을 가졌다
시간의 갈피마다 끼워놓은 아침을
꿈과 향수 어린 지난날의 도란거림이 밴
순결한 구석을

— 가르시아 로르카

빌바오 구겐하임 미술관Guggenheim Bilbao이 문을 연 것은 1997년 10월이다. 그해 봄 헤이리 사업이 시작되어, 어떤 마을을 만들지 구상이 한창 무르익던 시기였다. 구겐하임 미술관이 스페인의 외진 도시에 세워졌다는 소식이 바람결에 들려왔다.

건축계에서는 흥미롭게 지켜보는 정도였던 것 같다. 아마도 프랭크 게리의 작품이 모더니즘의 주류에서 비켜난 것이기 때문에, 당시 높은 점수를 주는 분위기는 아니었을 것이다.

그러나 다른 분야 사람들의 생각은 사뭇 달랐다. 특히 미술계와 연관된 사람들 중에 구겐하임 빌바오를 거론하는 사람이 많았다.

가장 성공한 건축가의 한 사람인 프랭크 게리가 자신은 건축계에서 줄곧 소외되어 있었다고 술회한 대목이 생각난다. 흥미로웠다. 이해될 법도 했다. 욕심이 끝이 없구나 하는 생각도 들었다. 그는 재스퍼 존스나 로버트 라우센버그, 리처드 세라 같은 미술인들과 친분이 깊었다. 미술인들과의 교류는 그의 작품세계에 적지 않은 영향을 주었을 것이다.

출산에는 산고産苦가 따른다. 아픔 없이 어찌 성숙이 있으며, 새로운 것이 잉태될 수 있을까? 게리가 건축가들뿐 아니라 미술인들과 깊이 교류한 대목은 중요하다. 더욱이 오늘날과 같은 장르 해체, 통섭의 시대에는 더 말해 무엇 하랴.

국내 미술계 인사들이 빌바오에 지어진 프랭크 게리의 건축을 주목한 이유는 구겐하임 미술관의 영향 때문이었을 것이다. 구겐하임 미술관의 분관이 어느 도시에 지어지는가부터가 미술계의 중요한 이슈였다. 그런 만큼 빌바오로 낙점된 이야기며, 구겐하임 빌바오가 1997년 개관전을 통해 세상에 모습을 드러낸 일련의 과정을 미술계의 중심에 있는 이들은 잘 알고 있었다.

빌바오를 한 번 다녀오자는 이야기가 나오기 시작했다. 쉬운 일이 아니었다. 우선 너무 멀었다. 대도시 근처가 아니라서 큰맘을 먹어야 했다. 그렇게 2년여의 시간이 흘렀다.

빌바오 답사계획을 세운 결정적 계기는 안종만 사장의 채근이었다. 안 사장은 누구보다 열렬한 구겐하임 빌바오와 프랭크 게리의 팬이 되어 있었다. 안 사장과 친분이 깊은 김언호 전 이사장이 프로방스와 빌바오를 묶는 답사를 제안하였다. 김 이사장은 직전에 프로방스를 다녀왔는데 너무 좋았다며, 헤이리 회원들에게 꼭 보여주고 싶어 하였다.

니스에서 답사 여정을 시작한 우리는 바르셀로나를 거쳐 최종 목적지인 빌바오로 향하였다. 프랑스와 스페인의 해안가를 더투며 연도의 예술마을과 문화시설을 견학하는 긴 여정이었다.

세계 예술마을은 무엇으로 사는가

바르셀로나 항구에서 만날 수 있는 프랭크 게리의 물고기 조형물.

　바르셀로나에서는 이틀을 묵었다. 바르셀로나 현대미술관, 피카소 미술관, 미로 미술관 등지를 견학하였다. 아울러 바르셀로나를 상징하는 건축가 가우디의 대표작품들과 미스 반 데어 로에, 리처드 마이어, 프랭크 게리의 건축과 조형물을 순회하였다.

　바르셀로나는 상반되는 두 얼굴을 보여주었다. 고전적인 모습의 구도심과 현대적 디자인의 항만지구로 확연히 구분되었다. 최근에는 '현대건축의 각축장'이라고 불릴 만큼 장 누벨을 비롯한 거장들의 건축물이 속속 들어서고 있다.

　그래도 바르셀로나는 건축적으로 여전히 가우디의 도시였다. 가우디가 쌓아올린 성채는 너무도 견고해 보였다. 가우디의 음덕陰德으로 먹고 살지라도, 변해 버린 세상에서 더 이상 그 같은 양식의 건축을 지속할 수는 없는 일. 바르셀로나 사람들의 고민이 읽히는 대목이다.

그런데 묘한 생각이 들었다. 아르누보 양식의 거장이라는 가우디의 건축에서 해체주의를 대표하는 프랭크 게리 건축 디자인의 싹이 보이는 것이었다. 필자만의 생각일까?

스페인에서 분리되고 싶어 하는 카탈루냐 지방의 중심 바르셀로나를 뒤로 하고 우리는 빌바오로 향했다. 빌바오는 카탈루냐보다 더 이질적인 곳이다. 그 기원조차 알 길 없는 바스크 족들이 사는 곳이다.

네르비온 강가의 항공모함

처음 대면한 빌바오의 하늘은 잿빛이었다. 하늘에는 잔뜩 구름이 끼어 있었다. 빗줄기가 스치고 지나갔는지 길바닥이 젖어 있었다.

철강과 조선산업이 얼마 전까지 빌바오의 경제를 지탱해 왔다는 말이 떠올랐다. 빌바오는 아직 그 칙칙했던 공업도시의 모습을 일신하지 못하고 있었다. 구름 때문만은 아니었다.

고풍스런 시가지를 버스는 느린 속도로 나아갔다. 어느 순간 버스 앞유리 전면을 괴상한 모습의 물체가 막아섰다. 자세히 살핀 다음에야 사진으로 보아온 바로 그 구겐하임 미술관임을 알 수 있었다.

도로 폭이 좁아 미술관 건물의 일부만 보였다. 가까이 다가갈수록

세계 예술마을은 무엇으로 사는가

형체가 분명해졌다. 미술관 뒤는 산이었다. 산의 형상을 알기 어려울 만큼 미술관이 전면부를 꽉 메우고 있었다.

미술관 앞에는 꽃으로 꾸민 거대한 동물 조형물이 설치되어 있었다. 제프 쿤스의 〈강아지〉였다.

거리가 끝나는 지점에 이르자 시야가 탁 트였다. 이전까지와는 전혀 다른 풍경이 펼쳐졌다. 우리의 진행방향과 직각으로 놓여 있던 미술관 건물의 전모가 드러났다. 아름다웠다. 위용이 느껴졌다. 생각보다 훨씬 큰 건물이었다. 항공모함이 항구에 입항해 있는 모습이 연상되었다.

미술관 건물은 폭이 좁고 길었다. 30미터 폭에 길이가 130미터쯤 된다고 한다. 길게 놓인 건물의 측면부에서 바라보니 실제보다 훨씬 커보였다.

미술관 바로 뒤에는 강이 흐르고 있었다. 네르비온 강이다. 강폭이 좁았다. 마치 운하 같았다. 우리나라는 웬만한 소하천도 강폭이 꽤 넓다. 그에 비하면 강이랄 것도 없어 보였다.

빌바오가 공업도시로 성가를 날릴 때는 철광석과 철강제품을 실은 배들이 네르비온 강을 꽉 채웠다고 한다. 구겐하임 미술관 자리는 철강제품을 만들던 공장과 창고, 선착장이 있던 자리다. 거기에서 생산된 제품은 강을 타고 내려가 유럽 여러 나라로 수출되었다. 미술관에서 10킬로미터를 내려가면 대서양이다.

미술관은 시가지보다 지대가 낮은 강변에 자리하고 있었다. 네르비온 강과 나란히 달리는 도로 어디에서도 미술관의 경관이 한눈에 들어왔다.

버스가 주차장에 멎었다. 주차장 쪽에서는 또 다른 경관이 연출되

메탈 플라워를 연상시키는 구겐하임 미술관의 강렬한 위용.

었다. 건물도 훨씬 커보였다. 지금껏 높은 곳에서 내려다보다가 같은 높이에서 올려다보니 자연스레 그리 된 것이다.

구겐하임 미술관은 어찌 보면 건축물이라기보다 조형물이었다. 내부 공간이 있고, 여러 실용적 용도로 사용한다는 점에서는 건축이 분명하다. 그렇지만 르 코르뷔제 이래의 근대건축 문맥에서 보았을 때 변종도 이런 변종이 없어 보였다. 이와 같은 건축이 바람직한 것인지, 권장될 수 있는 것인지 혼란스러웠다.

형태만을 두고 하는 이야기가 아니다. 미학적 입장이야 사람마다 다를 터이니, 다수의 사람들이 이런 종류의 건축을 아름답다고 느낀다면 할 말이 없다. 더욱이 건축가는 세상에 대한 독법讀法 속에서 건축물에 나름의 시대정신을 담아내는 존재 아니겠는가?

그래도 여전히 수긍하기 어려운 점이 있다. 그것은 재화財貨의 효율적 사용이란 명제다. 한 사회의 재화는 유한하다. 아무리 경제성장이 이루어진다고 해도, 합리적 분배의 문제는 남는다. 민주사회에서 공공건축에 필요한 덕목이 아닐까 싶다. 민간건축에서까지 공공재적 성격이 주장되는 시대 아닌가? 미학적 필요에 의해 아름답고 화려한 것만 좇는다면 지나간 시대의 권위주의 건축과 다를 것이 무엇인가?

흐린 날씨 속에서도 구겐하임 미술관은 빛났다. 건물의 외장재로 사용된 곡면의 티타늄 조각이 은은한 빛을 내뿜고 있었다. 미술관은 보는 방향에 따라 카멜레온처럼 변신하였다. 모양만이 아니라 그때그때마다 색상도 변하였다. 꽃을 떠올리게 하는 복잡한 입체에 드리우는 음영陰影이 달라지기 때문이었다.

누구는 손으로 움켜쥐었다가 손바닥을 펼쳤을 때의 종이 형상이 구겐하임 미술관의 모티브가 되었다고 했던 것 같다. 건축가 우경국 교수였을 것이다. 구겨진 종이든, 꽃이든, 우주정거장이든, 복잡한 형태를 설명하는 비유일 터이다.

티타늄은 비행기 표면에 사용되는 재료다. 견고한데다 공기저항을 줄여주기 때문이다. 그런데 왜 정지된 건축물에 이런 재료를 사용했을까? 직접 보니 실감이 갔다. 수만 장의 티타늄 조각이 마치 물고기 비늘처럼 하늘거리는 것이었다.

프랭크 게리가 물고기를 좋아하는 것은 그의 어린 시절의 추억에서 연유한다는 글을 읽은 기억이 났다. 바로 전날 바르셀로나 항구에서 공중에 떠 있는 물고기 조형물을 보았다. 고베에서도 본 적이 있다. 모두 프랭크 게리의 조형물이다.

어떤 것은 그의 경험에서 나오고, 어떤 것은 그의 건축철학에서 연유했을 터이다. 분명한 것은 그가 기존의 논리와 질서를 넘어서려는 의지를 갖고 있었다는 점이다. 그리고 적극적으로 실천했다.

누가 뭐래도 그는 상상력이 뛰어난 건축가이다. 상상은 자유라던가. 누구나 맘껏 상상의 나래를 펼칠 수는 있다. 놀라운 것은 그런 복잡한 설계를 건축물로 현실화시킨 추진력이다. 건축주를 설득하고 기술적 어려움을 극복하는 데는 숱한 난관이 있었을 것이다.

춤추는 듯한 유선형의 복잡한 건축설계 뒤에는 현대과학의 뒷받침이 있었다. 우주선을 설계하는 컴퓨터 프로그램의 도움을 받았다는 것이다.

'메탈 플라워' 안에서 만난 '오토바이의 예술'

　미술관의 주출입구로 들어서기 위해서는 광장에서 경사진 계단을 내려가야 한다. 마치 사람들을 미술관으로 빨아들이는 흡입구 같았다. 계단 양쪽 벽면은 직사각형의 석회암 벽돌이었다.

　건물 내부에 들어서니 넓은 아트리움이 나왔다. 천장은 더 높았다. 50미터에 이른다고 한다. 그곳에서 빛이 쏟아져 들어오고 있었다. 빛이 들어오는 천장의 형상이 복잡하면서도 얼핏 꽃 모양을 연상시켰다. 구겐하임 빌바오의 외부 모습을 보고 흔히들 '메탈 플라워'(금속 꽃)라고 하지 않는가? 밖에서 보아도 안에서 보아도 천생 꽃이었다.

　아트리움의 왼쪽 강변 쪽은 전면이 유리였다. 유리창을 통해 네르비온 강과 강 건너의 산을 낀 주택가 풍경이 한눈에 들어왔다. 유리문을 나서면 테라스였다. 바깥 경치를 더 잘 감상할 수 있었다. 수십 미터 높이의 캐노피가 돌기둥 하나에 의지한 채 공중에 떠 있었다.

　우리의 답사 목적은 건축에 있었다. 그리고 구겐하임 미술관이 가져온 빌바오의 변화를 피상적으로나마 느끼고 싶었다. 전시에 대한 관심은 상대적으로 적었다.

　공교롭게도 가장 중요한 전시라고 할 수 있는 특별전이 '오토바이의

　　세계 예술마을은 무엇으로 사는가

예술'The Art of the Motorcycle이었다. 1층 전시실 전체에 실물 오토바이가 전시되어 있었다. 당혹스러웠다. 세계 최고의 미술관에서 대량생산 시스템이 만들어낸 '상품'을 전시하고 있다니. 아무리 디자인이 우수한 근대 백 년의 명품들이라 할지라도 공산품으로서의 기본성격이 변하는 것은 아닐 것이다.

미술관측은 이 산업 오브제가 '기술, 디자인, 속도, 반항심, 욕망, 자유, 섹스, 죽음' 같은 근대성의 의미를 근저에서 접근하게 하는 대상이라고 전시의미를 부여하고 있었다. 한마디로 '20세기의 은유隱喩'라는 것이었다.

원래 이 전시는 뉴욕 구겐하임 미술관에서 시작되었다. 1998년의 일이다. 당시 논란은 많았지만 큰 상업적 성공을 거두었다. 구겐하임 미술관은 이 기획전을 매우 중요한 전시로 꼽는 모양이다. 빌바오를 거쳐 2001년에는 구겐하임 라스베이거스에서도 순회전시를 열었으니.

구겐하임 미술관은 세계 미술계에 막강한 영향력을 갖고 있다. 특히 추상미술을 중심으로 한 현대미술에서는 더욱 영향력이 크다. 그런 구겐하임이기에 전시 하나하나에 세계의 이목이 쏠릴 수밖에 없다.

최근 들어 구겐하임 미술관은 어떤 기업 못지않은 영토 확장을 꾀하고 있다. 빌바오를 필두로 베를린과 라스베이거스에 미술관을 열었다. 베를린에서는 '도이체 방크'라는 은행의 후원을 받은 까닭에 미술관 이름에 은행 이름을 표기하였다. 그리하여 '도이체 구겐하임 미술관'이 되었다. 구겐하임 라스베이거스The Guggeheim-Hermitage Museum는 카지노 호텔 안에 둥지를 틀었다. 지나친 장사속이라는 비판에 직면하는 이유다.

2003년에는 조르지오 아르마니 회고전이 구겐하임 뉴욕에서 열렸다. 아르마니 측에서 거액의 후원금을 받은 것이 알려지면서 상업주의에 대한 거센 비판이 일었다.

이런 구겐하임의 행보를 세계의 많은 미술관과 문화단체들이 따라가고 있다. 구겐하임이 '예술경영의 교과서'가 되어 있는 것이다.

BMW, 할리 데이비슨 등 가지가지 모양의 수십 대의 오토바이 사이를 누비며 체험한 전시공간은 매우 역동적이고 가변적이었다. 1층에 있는 이 넓은 전시장은 주로 특별기획전을 위해 사용된다. 대형 현대미술 기획전에 아주 적합한 공간으로 생각되었다. 공간을 보고 나면 초대받은 작가들의 상상력이 무한히 꿈틀거릴 것만 같았다.

1층 전시실에서부터 벽면을 따라 곡선의 보행자 동선이 설치되어 있다. 이 길을 따라가면 2층과 3층의 전시실로 연결된다.

전시실은 여러 개로 나뉘어 있었다. 전부 합하면 20개가 된다고 한다. 크기와 형태가 제각각이었다. 직사각형 형태에 나무마루가 깔린 곳이 있는가 하면, 부정형의 모습에 콘크리트로 마감된 곳도 있었다. 대부분 천장이 매우 높았다. 하나같이 자연광선이 유입되고 있는 게 인상적이었다.

건축을 살피느라 전시에는 그다지 관심을 기울이지 못했다. 이 방저 방 갤러리들을 옮겨 다니기에도 바빴다. 팝아트 계열의 작품들이 많았다. 앤디 워홀의 작품은 갤러리 하나를 차지하고 있었다. 바실리 칸딘스키, 마티스, 피카소, 윌렘 드 쿠닝, 잭슨 폴록, 아드리안 파이닝거, 로버트 라우센버그 등이 눈에 띈 작가들이다.

지금은 상설작품이 많이 늘었다고 한다. 리처드 세라의 〈뱀〉은 구

루이제 부루주아의 〈마망〉(위)과 제프 쿤스의 〈강아지〉.

겐하임 빌바오를 대표하는 작품이다. 길이 30미터가 넘는 거대한 강판이 역S자 모양으로 누워 있다. 클래스 올텐버그, 솔 르윗, 제니 홀처, 안젤름 키퍼의 작품도 전시실을 차지하고 있거나 미술관 내 아트리움 등에 설치되어 있다.

유리 승강기를 타고 1층으로 내려왔다. 한 무리의 내방객들이 가이드의 설명을 듣고 있었다. 미술관 가이드 투어에 참여한 사람들이었다. 미술관 숍에 들러 몇 가지 자료를 구입하고는 밖으로 빠져나왔다.

바깥에서 천천히 미술관 건물을 둘러볼 셈이었다. 계단을 올라 광장으로 나왔다. 저만큼 제프 쿤스의 거대한 〈강아지〉가 서 있었다. 몸통이 온통 풀과 꽃으로 덮여 있었다. 〈강아지〉 조형물은 얼굴을 시가지 쪽을 향하고 있었다. 관람객을 미술관으로 적극적으로 끌어들이겠다는 의지가 읽혔다.

나중에 제프 쿤스의 또 다른 설치작품이 미술관 뜰에 설치되었다. 〈튤립〉이라는 작품이다. 루이제 부르주아의 〈마망〉이라는 이름의 거미 설치작품과 이브 클랭의 〈불 분수〉Fire Fountain도 관람객들을 즐겁해 해주는 볼거리들이다. 〈불 분수〉는 네르비온 강 물속에 설치되어 있다. 후미코 나카야의 설치작품 〈안개〉에서 뿜어져 나오는 물안개가 〈불 분수〉를 감싸며 미술관의 야경을 환상적으로 만들어준다고 한다.

미술관 건물의 후미 쪽으로 걸었다. 꼬리 위에 큰 다리가 걸려 있었다. 원래 미술관을 지으려고 했던 곳은 이곳이 아니었다. 시가지 어디와인 창고 터인가가 미술관 예정지였다. 그런데 프랭크 게리가 이곳을 제안했다고 한다. 그는 거대한 다리를 방해물로 여기지 않고 미술관 경관의 하나로 끌어들였다.

세계 예술마을은 무엇으로 사는가

미술관 후미 모퉁이를 도니 강이었다. 시멘트로 만든 수직 벽이 강 양쪽에 세워져 있었다. 좀더 환경친화적으로 만들 수 있었을 텐데 하는 아쉬움이 밀려왔다. 청계천을 보는 느낌이었다.

샌안토니오의 리버워크River Walk 사례를 접하면서 이런 생각은 더욱 굳어졌다. 리버워크는 폭이 십 미터 남짓밖에 되지 않는 인공으로 조성한 물길이다. 그런데도 인공적인 냄새가 별반 풍기지 않는다. 애초부터 그 자리에 있었던 듯 자연스럽기 때문이다.

빌바오의 변신은 현재진행형이다

미술관 테라스를 바라보며 강변을 지나니 처음 우리가 내렸던 주차장이 나왔다. 그 뒤로 넓은 공터가 펼쳐져 있었다. 모두 옛 공장터, 창고터이다. 빌바오를 획기적으로 바꿀 프로젝트들이 그곳 강변을 따라 진행될 예정이었다.

구겐하임 미술관이 빌바오에 지어진 것은 우연한 행운이 아니었다. 치밀한 도시재생 전략의 일환이었고, 구겐하임은 그 일부였다.

빌바오는 혁신이 필요한 도시였다. 1980년대 들어 급격히 산업이 쇠퇴하면서 도시는 활력을 잃어갔다. 네르비온 강 주변은 슬럼화되었다. 빌바오를 살리기 위해 '빌바오 메트로 폴리 30'이라는 싱크탱크가 조직되었다.

네르비온 강가의 항공모함. 흐린 날씨 속에서도 구겐하임 미술관은 빛났다. (위)
스페인을 대표하는 건축가 산티아고 칼라트라바가 설계한 보행자다리 수비수리.(오른쪽)

이어서 스페인 정부와 주 정부가 공동출자해 '빌바오 리아 2000'이라는 개발회사를 설립하였다. 공공부문이 소유하고 있는 도시 내의 유휴지를 개발하여 시민을 위한 공간으로 탄생시키는 것이 소임이었다.

네르비온 강 주변의 수변공간은 빌바오의 재활성화를 위한 문화 비즈니스 지구로 정해졌다. 구겐하임 미술관에 뒤이어 '팔라시오 에우스칼두나'라는 다목적 문화시설과 이소자키 아라타가 설계한 복합 쇼핑몰이 네르비온 강가에 차례로 들어섰다.

팔라시오 에우스칼두나는 콘서트홀, 오페라 하우스, 회의장 등의 다기능을 갖고 있다. 공연에 최적인 아주 우수한 음향시설을 자랑한다고 한다. 2003년 세계 최고의 회의장으로 선정되었다. 빌바오 심포니 오케스트라와 빌바오 오페라가 이곳을 무대로 활동한다. 페데리코 소리아노와 돌로레스 팔라시오스가 공동 설계하였다. 구겐하임에서 조금 떨어진 에우스칼두나 선착장 자리에 위치하고 있다. 바로 이웃한 에우스칼두나 다리와 함께 관광객들이 즐겨 찾는 곳의 하나다.

뿐만 아니라 빌바오는 공항을 새로 짓고, 지하철을 놓고, 다리를 세우고 하면서 세계 최고의 건축가들을 영입하였다. 시민들의 삶의 질 향상과 관련된 디자인의 중요성을 간파하고 있었던 것이다.

빌바오 공항 청사와 구겐하임 미술관 근처의 보행자다리Zubizuri는 스페인을 대표하는 건축가 산티아고 칼라트라바가 설계하였다.

지하철 역사는 영국의 노먼 포스터가 설계하였다. '세계에서 가장 아름다운 지하철'로 꼽힌다. 지하철 역사 두어 곳을 볼 기회가 있었다. 하나는 언덕에 면한 곳이었는데 입구가 마치 동굴을 연상시켰다. 군더더기 없는 노출콘크리트가 그런 느낌을 더욱 배가시켰다. 지하철 역사

세계 예술마을은 무엇으로 사는가

도 이렇게 지을 수 있구나 하는 감탄이 절로 나왔다. 다른 곳에서 본 지하철 출입구는 철과 유리를 사용한 산뜻한 디자인이었다. 들어가 볼 기회를 갖지 못한 게 유감이었다. 승강장과 엘리베이터 등의 지하철 내부 사진을 보면서 이런 대중교통 시설을 갖고 있는 빌바오 시민들이 부러웠다.

구겐하임 미술관을 유치하기 위한 움직임은 1991년 시작되었다. 빌바오가 구겐하임 미술관을 유치할 수 있었던 것은 치밀한 계획과 단호한 의지가 있었기 때문이다. 작은 지방정부가 중앙정부의 도움 없이 1천5백억 원에 이르는 재정지출을 감행하기는 쉬운 일이 아니었을 것이다. 반대도 만만치 않았다.

글로벌 차원의 미술관 운영전략을 수립하고 있던 구겐하임 측에서는 다른 경쟁도시를 제치고 빌바오를 선택하였다. 그들이 뛰어난 안목을 갖고 있음은 구겐하임 빌바오의 성과가 말해 준다. 구겐하임 빌바오에는 연간 1백만 명 이상의 입장객이 들고 있다. 세계 미술의 본산이자 인구 1천만 명이 넘는 대도시 뉴욕에 자리한 구겐하임 뉴욕에 뒤지지 않는 성적이다.

빌바오가 거둔 성과는 더 크다. 구겐하임 미술관의 개장과 함께 일약 문화도시의 이미지를 얻었다. 미술관이 문을 연 지 1년 만에 거둔 관광수입만도 미술관 건립에 투자한 금액에 맞먹는다고 한다.

미술관 옆에는 큰 놀이터가 세워졌다. 어린이를 위한 놀이기구가 중심이지만, 연령대별로 즐길 수 있는 다양한 시설을 갖추었다. 미술관을 시민들의 일상 속으로 끌어들이기 위한 배려였다. 네르비온 강가를 산책하고, 조깅하고, 아이들의 손을 잡고 놀이터에 들르고, 구겐하임 미술관에서 마련한 전시와 이벤트를 스스럼없이 즐기는 것이 빌바오 시민들의 삶의 풍경이 되었다.

방문객이 없어 명맥만 유지하던 빌바오 시내의 다른 미술관과 박물관들도 활력을 찾았다고 한다. 빌바오 미술관이 대표적이다. 미술에 관심 있는 사람이라면 빌바오 미술관을 들러도 좋을 것이다. 구관에서는 피카소, 달리, 고야 등 스페인 출신 화가들의 작품을 만날 수 있고, 신관에서는 현대미술을 즐길 수 있다.

빌바오 시민들은 자신들의 도시를 발전시킬 꿈에 차 있다. 구겐하임 미술관과 일련의 프로젝트를 통해 그 무엇과도 바꿀 수 없는 큰 자부심과 자신감을 갖게 되었다.

같이 여행하였던 이종욱 시인은 이를 가리켜 '빌바오 효과'라고 쓴 바 있다. 건물 하나가 한 도시를 살렸다는 것이다.

건물 하나, 한두 사람의 예술가, 몇 사람의 도전과 모험이
한 도시를 바꾸면서 아울러 세계를 바꾼다.
— 이종욱

'빌바오 효과'를 체험하기 위해 전 세계 사람들이 빌바오로 몰려든다. 한국도 뒤지지 않는다. 건축가, 예술인, 정부기관과 지자체 관계자, 일반 관광객까지 광범위하다.

〈게르니카〉, 끝나지 않은 비가

저녁이 가까워오고 있었다. 나는 강변을 걸으며 이 도시가 가진 기묘한 매력에 빠져들었다. 오랜 역사를 가진 도시, 한때 스페인에서 가장 풍요로웠던 도시, 분리독립의 기운이 꿈틀거리는 도시, 이종교배異種交配의 도시, 쇠락의 길을 걷다가 문화를 통해 다시 부흥하는 도시... 빌바오는 여러 얼굴을 가진 도시였다.

빌바오는 스페인령 바스크 지방에서 가장 큰 도시다. 그러나 바스크다움이 가장 옅은 곳이라고 한다. 일찍부터 공업화로 인해 외부인구가 많이 유입되어서이다. 그런 빌바오에 세계의 심장부와 연결되는 구겐하임 미술관이 세워졌다. 구겐하임 재단은 무슨 생각으로 아직도 긴장과 테러 위협이 끊이지 않는 이 문화 오지에 미술관을 세운 걸까?

구겐하임 미술관은 개관과 동시에 피카소의 〈게르니카〉를 유치해 전시하려 했다. 〈게르니카〉는 마드리드의 국립 소피아 미술관에 소장되어 있다. 스페인 정부는 구겐하임 미술관의 요청을 거절하였다. 작품이 심하게 훼손되어 이동이 어렵다는 이유였다. 2007년 게르니카 폭격 70주년을 맞아 다시 한 번 같은 일이 반복되었다.

게르니카는 빌바오에서 아주 가까운 거리에 있는 작은 도시다. 스페인 내전 때인 1937년 4월 26일 평화롭던 게르니카에 수만 발의 포탄이 쏟아졌다. 나치 독일의 항공기들이 군사시설이라고는 전혀 없는 마을을 공습한 것이었다. 프랑코 장군의 군부를 지원하기 위해서였다. 폭격으로 천 5백 명의 민간인이 사망하였다. 이를 그림으로 형상화한 것이 〈게르니카〉다. 〈게르니카〉는 바스크 족들에게 매우 상징적인 작품이다.

전쟁은 언제라도 비극이다. 스페인 내전은 인류역사상 가장 명분 없는 전쟁 중의 하나였다. 그만큼 비극도 깊었다. 스페인이 낳은 가장 위대한 시인의 한 사람인 가르시아 로르카는 내전이 시작되자마자 영문도 모른 채 국가주의자들에게 죽임을 당했다.

몬드라곤 협동조합을 다룬 다큐멘터리를 본 적이 있다. 다큐멘터리를 보기 전까지는 성공적인 협동조합 정도로 알았다. 깜짝 놀랐다. 무려 255개의 사업체를 가진 스페인 9위의 기업 그룹이라는 것이었다. 협동조합 체제를 유지하면서 스페인 국내외에 그 많은 수의 자회사를 거느리고 있다는 게 경이롭게 느껴졌다.

몬드라곤은 바스크 지방에 위치한 인구 2만 남짓의 작은 도시다. 스페인 내전으로 폐허가 된 마을에 한 신부가 부임하면서 그 싹이 태동하고, 1956년 작은 석유난로공장이 설립되면서 오늘의 몬드라곤 협동조합기업이 만들어졌다.

내레이터는 직원의 해고가 없고, 직종직급별 임금격차가 매우 적으며, 이윤이 조합원을 구성하는 다수의 종업원들에게 평등하게 분배되는 몬드라곤의 모습에서 자본주의 위기의 대안을 찾고 있었다.

놀랍게도 구겐하임 뮤지엄을 시공한 회사는 몬드라곤 협동조합에 속한 건설회사였다. 다른 회사는 섣불리 엄두를 못 내던 난이도 높은

세계 예술마을은 무엇으로 사는가

공사를 몬드라곤 건설이 해냈다는 것이다. 높은 기술력이 있었기에 가능한 일이었다. 이 회사는 9·11사건 때 무너진 뉴욕의 월드 트레이드 센터를 새로 짓는 공사에도 참여했다고 한다.

이제 호텔로 이동할 시간이었다. 호텔은 시내에서 좀 떨어진 곳에 위치해 있었다. 가이드의 호의에 힘입어 여행중 가장 멋진 저녁을 즐겼다. 스페인 산 와인도 곁들여졌다. 빌바오 여행을 안내해 준 이는 마드리드 대학에서 스페인 문학 박사과정을 밟고 있던 김종호 씨였다. 이때의 인연으로 그가 공부를 마치고 한국에 돌아왔을 때, 함께 소주잔을 기울인 적이 몇 번 있다.

우리는 9박 10일 긴 여정의 마지막 밤이라는 아쉬움 때문이었는지, 구겐하임 미술관을 본 흥분 때문이었는지, 밤늦도록 호텔 만찬장을 독차지하였다. 그리고 예술과 건축과 인생에 관해 목소리를 높여가며 끝나지 않는 논쟁을 계속하였다.

'카미노 데 산티아고,' 국내에서 한참 주가를 올리던 순례자의 길이다. 그 고행의 길은 피레네 산맥을 넘어 바스크 지방을 관통한다. 언젠가 그 고행의 길을 걸어보고 싶다. 그러면 덤처럼 다시 한 번 빌바오를 들를 수 있을까.

빌바오 구겐하임 뮤지엄 가는 길

📍 Av. Abandoibarra 2, 48009 Bilbao, Vizcaya, Espana

✈🚆🚌 빌바오는 항공기, 기차, 고속버스를 통해 스페인 국내외 주요 도시와
연결되어 있다.
빌바오 시내를 운행하는 많은 버스들이 구겐하임 박물관 주변에 정차하며,
트램, 지하철(Moyua역)을 이용한 접근도 가능하다.

ⓘ 월요일 휴관 (7~9월초 제외)

🌐 www.guggenheim-bilbao.es

세계 예술마을은 무엇으로 사는가

중국 현대미술의 용광로

798예술구

중국
China

나는 이곳에서 삶이 요동침을 느낀다.
이질적인 온갖 활동들을 한데 녹여내는
용광로 같은 모습이
이곳을 경이로운 장소로 만들고 있다.

— 파트리치아 보난징가

중국 베이징의 798예술구는 최근 급부상한 중국 현대미술의
새로운 아지트입니다. 중국 예술가들뿐 아니라 세계 여러 나라의
예술가들과 1백 개 이상의 갤러리들이 몰려들고 있습니다.
그 가운데는 해외 유수의 갤러리들도 많습니다.
798지구는 놀라운 속도로 확대되어 인근 차오창띠 등지로
확대되고 있으며, 베이징 교외의 쏭좡, 페이지아춘 등에도
비슷한 개념의 예술인촌이 들어서 있습니다.
그런 가운데 스타 작가들이 탄생하고, 그들의 작품은
국제적인 네트워크를 통해 세계로 팔려나갑니다.
사회주의 국가인 중국의 현대예술이
이처럼 욱일승천하는 이유는 무엇일까요.

2005년 12월, 헤이리 회원들과 함께 베이징 798예술구를 다녀왔

다. 위의 글은 헤이리 사람들에게 같이 가기를 청하면서 작성한 내용의 일부다.

중국 현대미술이 발전하는 속도는 놀랍다. 빅뱅에 가깝다. 황무지나 다름없던 변방에서 일약 세계미술의 중심으로 우뚝 섰다. 그렇게 되는 데 십년이 채 걸리지 않았다.

798예술구와 쏭좡 이야기를 들으면서도 쉬 기회를 만들지 못했다. 그러다가 금산갤러리 황달성 관장의 권유로 답사를 결행하게 되었다. 헤이리로 터전을 옮긴 황 관장은 중국 현대예술제를 열어보자고 제안하였다.

김언호 전 이사장과 백순실 화백 등이 이에 적극 호응하였다. 그리하여 내친 김에 베이징 답사에 나선 것이었다. '중국 현대미술을 만나러 가는 기행'이라고 이름 붙였다.

베이징 공항에 내린 것은 12월 4일 일요일 오전이었다. 한지연 씨가 기다리고 있었다. 대만계 갤러리인 소카 갤러리의 컨템퍼러리 스페이스 디렉터였다.

한지연 씨는 우리가 베이징 답사를 하는 동안 많은 도움을 주었다. 베이징 미술계에 넓은 인맥을 갖고 있는 것으로 보였다. 우리와 동행하기도 하고, 더러는 방문지에 연락해 편의를 도모해 주었다.

점심을 먹고 곧바로 798예술구로 향했다. 798예술구는 한국인들이 모여 사는 왕징에서 가까운 곳이었다.

　　　　　　　　　　세계 예술마을은 무엇으로 사는가

군수공장터에서 세계 미술시장의 중심으로

옛 군수공장터였다는 말처럼 첫 인상은 공업지대 그대로였다. 마치 시멘트 공장을 보는 듯했다. 사진으로 보던 것보다 주위의 풍경이 더 칙칙했다. 이웃 블록과의 경계에는 송유관인지, 가스관인지 알 수 없는 관들이 몇 겹씩 공중에 떠 지나가고 있었다. 마치 사람의 손길이 닿지 않은 채 방치되고 있는 느낌이었다. 관 위에는 흙먼지가 켜켜이 쌓여 있었다. 군데군데 높은 굴뚝이 서 있고, 기다란 붉은 벽돌담이 끝도 없이 이어져 있었다.

798지구 안으로 들어서자 풍경이 조금은 달라졌다. 그래도 을씨년스럽기는 매한가지였다. 대부분의 건물은 벽돌과 콘크리트로 지어져 있었다. 농협창고같이 껑충한 건물 일색이었다. 군데군데서 개축공사가 진행되고 있었다. 길거리에 쌓인 공사자재들이 썰렁함을 더해 주었다. 건조한 바람이 골목을 횡하니 스쳐갔다. 한겨울치고는 그다지 추운 날씨가 아닌 게 다행이었다.

'베이징 798예술구'라는 비석이 보였다. 군데군데 조형물들이 눈에 띄었다. 어떤 건물들은 벽에 벽화가 그려져 있었다. 그라피티인지 낙서인지 구별하기 어려운 것들도 있었다. 전시를 알리는 플래카드와 포스

터가 보였다.

갤러리 입구는 대부분 옛날에 쓰던 공장의 문 그대로였다. 육중한 철대문이었다. 철문 위에 갤리리임을 알리는 간판이 걸려 있었다. 여러 갤러리가 같이 쓰는 건물 앞에는 갤러리들의 이름을 나란히 걸어놓은 입간판이 서 있었다. 세련된 디자인이었다. 현대적인 디자인과 낡고 우중충한 건물이 만나 독특한 풍경을 만들고 있었다.

제일 먼저 '화이트 스페이스'라는 갤러리에 들렀다. 독일계 갤러리였다. 내부는 바깥 풍경과 사뭇 달랐다. 한쪽 벽은 벽돌에 하얀 페인트를 칠한 모습이었지만, 나머지 벽은 전시를 위한 맞춤한 벽체로 마무리되어 있었다. 천장까지 온통 하얀색이었다. 갤러리 이름과 잘 어울리는 모습이었다. 독일인 여성이 갤러리 일을 보고 있었다. 갤러리 뒤쪽은 작가들의 스튜디오였다. 그곳에만도 10여 명의 작가가 거주한다고 했다.

갤러리를 나와 다시 버스를 탔다. 지구가 넓어서 효율적으로 보자니 우선 중요한 몇 군데를 일행이 함께 돌아보기 위해서였다.

버스에서 내려 '도쿄 아트 프로젝트'라는 갤러리로 들어섰다. 이름에서 알 수 있듯이 일본계 갤러리다. 798지구에 처음 문을 연 화랑이다. 2002년 가을이라니 딱 3년 전이었다. 그 짧은 시간 사이에 798예술구가 이렇게 변하였다니 놀라웠다. 갤러리 내부는 이곳 공장지대 건물의 특징인 바우하우스적 특징을 잘 보여주는 디자인이었다.

바로 이웃에 798스페이스가 자리하고 있었다. 798예술구를 대표하는 갤러리다. 갤러리 내부가 아주 넓었다. 농구 코트보다 커 보였다. 천장도 아주 높았다. 한쪽 벽면은 유리였지만, 반대쪽 벽면은 지붕에

세계 예술마을은 무엇으로 사는가

서부터 둥글게 곡면을 그리고 있었다. 사진으로 여러 번 본 공간이었다. 너무 넓어 휑뎅그렁했다. 전시작품이 몇 안되어 더 그랬을 것이다. 대형 설치작품을 전시해야 폼이 날 것 같았다.

갤러리 바닥 여기저기에 선반 같은 옛날에 쓰던 기계가 철거되지 않은 채 놓여 있었다. 벽면에는 붉은 페인트로 칠한 표어가 씌어 있었다. 글씨의 색이 많이 바래기는 하였지만, 대약진운동 시기의 표어임을 알 수 있었다. '모 주석은 우리들 마음의 붉은 태양' '위대한 지도자 모 주석 만세' 이런 내용이었다.

기분이 묘했다. 모택동을 존경해서 글씨를 그대로 남겨둔 것은 아닐 게다. 지식인들과 예술인들이 문화혁명과 그후의 천안문 사태 때 겪은 곤경을 생각하면, 그럴 리는 없을 것이다. 그렇다면 전통을 존중해서일까? 과거의 아픈 기억도 하나의 역사이니만큼 원형대로 보존한다? 그럴지도 모른다. 하지만 고개가 가로저어졌다. 이곳은 박물관이 아닌 것이다. 현대미술을 전시하는 갤러리다. 갤러리로서의 기능이 있는 것이다. 거대한 붉은 글씨의 표어는 작품 전시에 거추장스러울 게 틀림없다. 그럼에도 그대로 남겨두었다면 필시 풍자일 것이다. 은근 통렬한 정치적 풍자. 사회주의 시대의 상징물과 현대미술의 기묘한 어울림 속에 중국 아방가르드 미술의 특징이 꿈틀대고 있었다.

중국인들에게 모택동은 복잡한 인물이다. 그보다 중국역사에 더 큰 영향을 끼친 인물도 드물다. 현대 중국의 토대는 모택동에서 시작되었다. 그렇기 때문에 그로부터 자유로운 사람은 지금의 중국에 아무도 없다. 모택동이 죽은 지 40년이 되었지만 아직도 중국사회는 그의 그림자와 함께 살고 있는지 모른다. 베이징의 유리창琉璃廠 같은 곳에 가보면 모택동의 사진, 그림, 포스터, 엽서 등이 넘쳐난다. 모택동이 중국인들의 마음속에 여전히 살아 있는 증표다.

798예술구의 갤러리들을 돌다 보면 모택동을 소재로 한 작품을 심심찮게 만나게 된다. 예술가들이 모택동을 자기 작업의 소재로 즐겨 삼는 이유는 왜일까? 한마디로 이야기하기는 어려울 것이다. 세대가 다르고, 경험이 다르고, 생각도 다를 테니.

모택동 작품을 보고 있으면 나도 모르게 앤디 워홀이 떠오른다. 워홀의 〈마오〉 위로는 〈마릴린 먼로〉가 겹쳐진다. 예술이 가져다주는 무서운 힘인가? 이영희의 《8억인과의 대화》, 에드가 스노의 《중국의 붉은 별》은 기억 속에서 스멀스멀 멀어져가고 있었다.

도쿄 아트 프로젝트와 798스페이스는 798예술구 형성에 중요한 역할을 한 갤러리로 꼽힌다.

2002년 10월의 도쿄 아트 프로젝트 개막식 행사에는 1천여 명의 중국 국내외 미술계 인사가 참가했다고 한다. 당시까지 중국에는 변변한 갤러리가 몇 안되었다. 베이징역 근처에 1991년 문을 연 호주의 레드 게이트 갤러리와 2001년에 문을 연 대만계 소카 갤러리가 있는 정도였다. 중국 화랑계는 외국 갤러리에 의해 시작된 셈이다. 중국이 사회주의 사회였기 때문이다. 미술품을 팔고 사는 시장이 형성될 수 없었다. 지금은 798예술구에 터 잡은 갤러리만 3백여 개에 이른다고 한다. 그중의 상당수는 외국계다.

도쿄 아트 프로젝트가 문을 연 시점부터 798지구에 스튜디오를 마련하는 작가들이 폭발적으로 늘었다. 뒤이어 개관한 798스페이스는

세계 예술마을은 무엇으로 사는가

2003년 4월 '새로운 798 건설'(再造 798)이라는 예술 이벤트를 개최하였다. 이 행사가 매스컴의 주목을 받음으로써, 798지구가 대중의 관심 속으로 확장되는 계기가 되었다.

많은 생각을 일깨워주는 798스페이스를 나온 우리는 자유시간을 갖기로 했다. 이제부터는 각자의 취향대로 갤러리며 작가 스튜디오를 돌아다니면 되는 것이다. 그래도 자연스레 대부분 같은 방향으로 무리지어 이동하였다.

798스페이스 옆 도로변으로 작은 갤러리들이 몇 눈에 띄었다. 전시장의 크기, 작품의 장르가 각양각색이었다. 꾸미지 않은 흔적이 역력했다. 최소의 필요한 부분만 손을 대 전시장으로 개조한 것이었다. 어떤 곳은 작가의 작업실을 겸하고 있었다. 작가들이 작업하는 모습을 지켜볼 수 있었다. 그들은 묵묵히 작업에 열중하였다. 컴퓨터 앞에 앉아 있는 작가들이 많았다. 어떤 특정 이미지를 만들어 그것을 화면 속에 반복적으로 담아내는 작업이 하나의 특징으로 느껴졌다.

이곳에 처음으로 진출한 한국 갤러리도 들어가 보았다. '문화공간 이음'이다. 2005년에 문을 열었다. 당시까지는 798예술구에 있는 유일한 한국 갤러리였다. 북한 작품을 취급하는 갤러리도 눈에 띄었다. 우리가 흔히 알고 있는 북한풍의 독특한 조선화를 팔고 있었다.

'2만5천리 장정長征 문화전파 센터'라는 긴 이름의 갤러리가 보였다. '2만5천리 장정'이라고 한 것으로 보아 모택동과 중국공산당의 대장정에서 따온 이름일 터였다.

광고회사, 디자인회사, 출판사의 간판이 간간이 나타났다. 레스토랑과 카페도 보였다. 레스토랑과 카페는 전면을 통유리로 개조해 산뜻한 분위기를 풍겼다. 798예술구의 주류는 미술이다. 갤러리와 화가들의 스튜디오가 다수를 차지한다. 그러나 이곳에서는 영화인, 음악인, 건축가, 디자이너 등 다른 장르의 예술가들이 함께 생활한다. 록 공연과 패션쇼가 열리기도 한다.

중국에 신문화혁명이 시작되었다

2004년부터는 '798 국제예술제'가 열리고 있다. 매년 늦은 봄 한 달 가까운 기간 동안 개최된다. 해를 거듭할수록 국제적인 관심이 높아지고 있다. 예술제 기간에 맞추어 세계의 미술계 인사들이 이곳을 찾는다. 갤러리 대표뿐 아니라 미술관 관장, 문화계 인사, 비평가, 독립 큐레이터 등이 베이징 나들이를 하는 것이다.

한가로이 발길을 옮기던 우리 앞에 작은 서점이 나타났다. '아트북스'(정식 이름은 Timezone 8 Art Books)라는 간판이 보였다. 외벽의 빨간 페인트가 아주 강렬했다. 중국 느낌을 나타내려고 했을까? 주인은 의외로 미국사람이었다. 2001년에 문을 열었는데, 798지구뿐 아니라 베이징에서 유명 짜한 서점이었다. 중국 서점에 비해 외국 서적이 풍부해서일 것이다.

영어로 된 책이 많았다. 예술 관련 전 장르를 망라하고 있었다. 미술 화보집과 디자인 서적이 많고, 잡지도 여럿이었다. 중국에서는 영

세계 예술마을은 무엇으로 사는가

울렌스 현대미술센터와 쑤이젠궈의 빨간 공룡.
헤이리 중국현대예술제에 초청받은 작품이다.

아래는 798예술구의 대표 문화시설인
798 스페이스.

어 서적이 귀하기 때문에 화가들이나 미술 전공 학생들이 주로 찾는다고 한다. 798예술구에 관한 자료를 몇 권 구했다. 황루이가 편집한《베이징 798》이란 책은 798예술구의 역사와 탄생 과정을 담고 있었다. 황루이는 798 국제예술제의 디렉터였다. 이 책을 펴낸 곳이 다름아닌 Timezone 8이었다. 아트북스는 책을 팔기만 하는 것이 아니라 출판까지 손을 대고 있었던 것이다. 지금은 커피와 맥주를 파는 바로 변신해 있다.

호주, 독일, 일본, 대만 갤러리에 미국 서점주인… 이 사람들이 798예술구의 오늘을 만들었다. 우리가 얼마나 국제화시대를 살고 있는지 실감하게 된다. 798예술구에는 외국인 작가들도 상당수 둥지를 틀고 있다. 국제적인 예술특구가 되어 있는 것이다.

2007년에는 798예술구의 새로운 랜드마크가 된 '올렌스 현대미술센터'UCCA가 문을 열었다. 일찍부터 중국 현대미술에 관심을 갖고 작품을 수집해 온 벨기에 출신 올렌스 부부가 세운 비영리 미술관이다. 컬렉션의 양이 방대할 뿐 아니라, 중국 현대미술을 대표하는 작가들을 망라하고 있다. 이 미술관의 개관을 가리켜 '중국에 신문화혁명이 시작되었다'고 쓴 서구 저널도 있었다. 중국을 대표하는 사설 미술관 역시 외국인의 손에 의해 설립되었다.

798예술구가 형성되는 데는 베이징 중앙미술학원이 영향을 끼쳤다. 중국 미술계에서 가장 영향력 있는 중앙미술학원이 1995년 이웃 706지구에 임시둥지를 튼 것이 계기였다. 그곳 역시 공장지대였다. 예술가들의 눈에 798 일대의 빈 공장들이 새로운 모습으로 비치기 시작하였다.

세계 예술마을은 무엇으로 사는가

본래 이 지역은 한때 '신중국 전자공업의 요람'으로 불리던 곳이었다. 소련의 원조와 동독 기술자들의 도움을 받아 공장이 지어졌다. 소위 '사회주의 형제국가들의 빛나는 협력의 산물'이었다. 1950년대 말까지도 동독 기술자들이 이곳에 머물렀다.

공장건물을 동독이 건설한 까닭에 실용적이고 산업적인 기능미를 중시하는 바우하우스적 건축의 특징이 잘 나타나 있다. 건물들은 하나같이 무뚝뚝하다. 그러면서도 강인한 느낌이 든다. 튼튼하게 지어졌다는 말이다. 1970, 80년대에 지어진 우리나라 공장 건물에 비하면 품격이 달랐다. 단순함 속에 균제미均齊美 같은 것이 느껴졌다. 이들 건축물의 가치를 깨달은 중국정부는 더 이상 건물을 마음대로 개조할 수 없도록 규정을 만들었다. 문화유산으로 인식하고 보존하는 조치를 취하기 시작한 것이다.

798예술구는 숨 가쁘게 달려온 격동의 중국 현대사를 증언하는 곳이기도 하다. 중국정부의 관심도 남달랐다. 많은 투자를 아끼지 않았다. '진보된 사회주의 국가'를 가져다줄 든든한 자산으로 여겼다. 등소평을 비롯한 중국 지도자들은 수시로 이곳을 방문하였다. 중국의 '사회주의 우방국' 손님들 또한 단골로 들르던 장소였다.

그러나 그 영화는 오래 가지 못했다. 문화혁명의 소용돌이 속에서 홍역을 치러야 했다. 상처를 추스르고 겨우 안정궤도에 접어들기 시작할 즈음, 다시금 중국사회의 개방화 물결에 맞서야 했다. 낡은 설비를 가진 이 지역 공장들은 치열한 경쟁세계 속에 던져졌다. 생산성이 떨어지는 공장들이 하나둘 문을 닫기 시작하였다.

대안은 부동산이었다. 새로운 도심 개발 프로젝트가 진행될 예정이었다. 비어 있던 공장부지는 한시적으로 작가들에게 임대되었다. 넓은 작업공간과 싼 임대료가 매력이었다. 작가들이 하나둘 둥지를 틀기 시작하고, 갤러리가 문을 열면서 798예술구의 모습이 갖추어졌다.

그런데 798예술구의 발전속도가 너무 빨랐다. 부동산 개발계획이 가시화되자 작가들은 베이징 시에 이곳을 보존해 예술지구로 육성해 달라고 건의하였다. 해외의 많은 단체들과 예술인들도 798지구 보존에 힘을 보탰다. 2004년 1월에 798지구는 '문화창의산업특구'로 지정되었다.

798지구가 오늘과 같이 변하리라고는 아무도 예측하지 못했다. 798스페이스의 쑤용 관장은 그 변화의 모습과 계기를 다음과 같이 증언하고 있다.

> 이곳이 이렇게까지 활성화될 줄은 아무도 예상하지
> 못했습니다. 2003년 비엔날레(再造798 : 필자주)는 798 역사의
> 새로운 장을 열게 되었습니다. 갑자기 아티스트들의 작업실,
> 바, 식당, 디자인 회사, 갤러리, 서점 등이 전자산업과 전혀
> 무관한 사람들로 넘쳐났습니다. 이들은 단지 예술에 끌려
> 찾아온 것이었는데, 아티스트, 예술애호가, 기업인, 감독,
> 바이어, 관광객, 순례자 혹은 단지 특종 잡기에 바쁜 언론인
> 등이었습니다.
>
> — 문화관광부,《해외문화도시 및 기관운영사례 조사를 통한 국제교류협력 모델개발》, 86면

이제 798예술구는 누가 뭐라 해도 중국미술의 핵이다. 그 핵은 지

세계 예술마을은 무엇으로 사는가

금도 놀라운 속도로 자신을 복제해 내고 있다. 798예술구 주변으로 예술촌과 갤러리촌이 계속 팽창되고 있는 것이다.

혹자는 798예술구가 더 이상 중국미술의 언더그라운드나 대안이 아니라고 한다. 원명원과 쑹좡 등 초기 예술촌과 달리 갤러리가 중심이 됨으로써 상업화의 길을 걷고 있다는 것이다. 세계미술의 중심에 편입되고 한 점에 수십억 원을 호가하는 작가들이 쏟아져 나오는 속에서, 그 같은 지적은 타당성이 있을 것이다. 예술세계의 산업화는 어디까지가 적절한 것인지, 다음 행선지로 향하는 차안에서 상념이 멈추지 않았다.

이미 어둑해진 시간이었지만 시내 중심가에 위치한 소카 갤러리를 방문하였다. 한지연 씨가 일하는 곳이었다. 소카 갤러리는 두 개의 공간으로 나뉘어 있었다. 한쪽에는 컨템포러리 작가들의 작품이 걸려 있었다. 다른 쪽에는 중국 근현대 미술작품이 전시되고 있었다. 중국을 대표하는 작가들이다. 우리 식으로 보면 이중섭이나 박수근 같은 작가가 포함되어 있다 하였다.

같이 여행하면서 황달성 관장이 참 부지런한 이라고 느꼈다. 여행을 와서도 비즈니스를 달고 사는 것이었다. 수시로 전화 벨이 울리는데, 한국뿐 아니라 일본에서 걸려오는 전화도 많았다. 잠시 우리 일행과 떨어져 비즈니스를 보고 오기도 했다.

저녁에 황 관장과 호텔 커피숍에서 만났다. 그 자리에는 한지연 씨와 중국 작가 한 사람이 합석해 있었다. 한지연 씨는 중앙미술학원을 졸업하였으며, 중국 미술계에 발이 넓었다. 다음 해 헤이리에서 열린

798예술구의 거리 풍경과
Beijing Tokyo Art Project(BTAP) 앞 조형물.

798에서 만나게 되는
다양한 표정의 조형물.

중국 현대예술제의 큐레이터를 맡아 작가를 섭외하고 작품을 국내로 실어 보내는 등의 궂은일을 도맡아주었다. 우리는 중국 미술계에 대한 이야기와 헤이리에서 어떤 방식으로 페스티벌을 열면 좋을지 많은 이야기를 나누었다.

이러한 과정을 징검다리 삼아 중국 현대예술제 논의가 무르익었다. 몇 개의 징검다리가 더 보태진 다음 마침내 행사를 개최할 수 있게 되었다. 중국현대예술제는 상당히 큰 규모로 치러졌다. 중국 미술계를 대표하는 팡리쥔, 쑤이젠궈, 왕두, 마샤오춘 등 40명이 넘는 작가들의 작품이 소개되었다. 왕두의 〈미사일〉 같은 대작은 프랑스에서 옮겨오는 데만도 온갖 난관을 거쳐야 했다. 옮기고 싣고 할 때마다 크레인과 트레일러가 동원되어야 했던 것이다.

개막식에는 중국미술관(중국을 대표하는 국립미술관)의 판디안 관장이 참석하였다. 왕두를 비롯한 작가들도 자리를 같이하였다. 판디안 관장은 베니스 비엔날레 중국관 커미셔너를 맡았으며, 2008년 베이징 올림픽을 기념해 조성한 올림픽공원 기념조각전의 기획책임을 맡은 중국 미술계의 실력자였다.

이때 헤이리를 방문한 판디안 관장은 헤이리를 무척 감명 깊어 하였다. 그는 2007년 중국작가 30여 명을 데리고 다시 헤이리를 찾았다. 국립현대미술관과의 교류전에 참석차 한국을 방문했을 때였다. 공식 행사가 많아 바빴을 텐데도, 오전중에 헤이리를 방문해 하루종일 머물렀다. 구석구석 작가들을 안내하고 다니는 등 직접 가이드를 자청하였다.

우리가 798예술구며 중국미술의 현장을 방문하면서 느낀 감동을 그들은 헤이리에서 발견하고 있었다. 판디안 관장은 중국에도 헤이리 같은 곳을 만들고 싶다는 이야기를 여러 차례 되뇌었다.

베이징에 부는 골드러시,
그 끝은 어디인가

다음 날 우리는 798예술구 주변의 예술촌 몇 군데를 방문하였다. 그에 앞서 숙소에서 가까운 레드 게이트 갤러리를 먼저 들렀다. 호주 갤러리로 중국 최초의 근대식 갤러리다. 레드 게이트는 홍문紅門을 영어식으로 푼 것이다. 남대문, 동대문 축에는 못 끼지만 서울의 광희문쯤 되는 문화재로 생각되었다. 베이징역 바로 뒤쪽에 위치해 있었다.

특이하게도 갤러리가 문화재 건물 안에 자리하고 있었다. 홍문은 일종의 박물관이었다. 성곽 위에 지어올린 누각 전부가 전시관으로 사용되고 있었다. 갤러리는 별관에 있었다. 박물관 건물을 둘러본 다음 갤러리에 들렀다. 중국 전통건물이었다. 전날 798예술구에서 두루 눈요기를 하고 온 탓인지, 레드 게이트의 전시는 그다지 인상적이지 않았다.

버스에 오른 우리는 지우창 예술촌으로 향하였다. 지우창은 이과두주를 만들던 술 공장터다. 이과두주는 베이징을 대표하는 술이다. 중국은 가짜 술 천지라는 말이 생각났다. 그래도 믿을 만한 게 이과두

798의 많은 갤러리에서는 역동적인 전시가 다채롭게 펼쳐진다.

주라던가? 싸고 대중적이어서 가짜 술이 적다는 것이었다.

여행의 즐거움 가운데 하나는 미각을 행복하게 하는 일일 것이다. 베이징 답사중 우리는 적은 비용으로 먹는 즐거움을 만끽하였다. 일행 가운데 한동안 중국에 살면서 중국 음식과 술을 연구한 박종일 선생이 있어서였다. 식사 때마다 박 선생은 메뉴를 정하고, 반주로 마실 술을 고르는 당번이었다. 그래서 매끼 두어 병의 중국술을 종류를 달리해 가며 맛볼 수 있었다.

지우창 예술촌 주변은 798예술구보다는 좀더 외지고 한적하였다. 주변에 공사하는 곳이 많아 무척 어수선해 보였다.

지하차도를 빠져나온 버스가 좌회전을 위해 정차하였다. 왼쪽으로

세계 예술마을은 무엇으로 사는가

큰 창고 같은 건물들이 보였다. 입구 쪽 건물 지붕에 '메이드 인 차이나'라는 붉은 색의 큰 글씨가 보였다. 한국 갤러리인 아라리오 베이징이었다. 길 오른켠은 서민들의 동네였다.

먼저 아리리오 갤러리에 들렀다. 전시장 내로 들어서자 큰 전시장의 한쪽 벽면을 꽉 채운 대형 작품이 압도해 왔다. 유에민준의 작품이었다. 대단했다. 벽화 빼고는 그렇게 큰 그림은 처음 보았다.

개관 기념전인데 '아름다운 냉소'라는 제목이었다. 중국, 한국, 독일, 인도 등 여러 나라 작가들이 참여하고 있었다. 안젤름 키퍼와 임멘도르프의 이름도 보였다. 중국 작가들과는 전속계약을 맺었다고 한다. 최정상의 작가들이다. 아리리오의 공격적 경영에 혀가 내둘러졌다.

아라리오는 모두 5개의 건물로 이루어져 있었다. 전체 전시공간을 합하면 3천 평방미터에 이른다고 하였다. 대단한 규모였다.

단지 내를 걸으면서 다른 갤러리들도 둘러보았다. 들를 만한 곳이 몇 되지 않았다. 지우창이 조성된 지 얼마 되지 않아서였을 것이다. 갤러리들이 갓 들어서기 시작한 참이었다. 전체 규모는 798예술구의 3분의 1 정도라고 했다. 갤러리에 앞서 작가들이 들어와 둥지를 틀고 있었다. 장샤오강, 쩡하오를 비롯해 1백 명 남짓 된다고 했다.

지우창에는 한국의 표갤러리와 문갤러리가 나중에 문을 열었다. 아라리오의 중국 진출이 기폭제가 되어, 한국 갤러리들이 다투어 중국으로 몰려가는 현상이 발생하였다. 미국 서부 개척시대에 금광을 찾아 서부로 서부로 몰려들던 것과 같은 양상이었다. 많은 갤러리들이 앞서거니 뒤서거니 베이징에 문을 열었다. 안타깝게도 이들의 대부분은 몇 해 지나지 않아 간판을 내려야 했다.

다음 코스는 차오창띠였다. '차오창띠 예술 동구東區'가 정확한 이름인 모양이었다. 동구는 798에서 가까운 곳이었다. 그러나 표지판이 제대로 되어 있지 않은 탓에, 버스가 입구를 못 찾아 한참을 헤맸다. 안내표지가 제대로 되어 있어도 찾기 어려울 만큼 도로가 혼란스러웠다. 이렇게 복잡한 곳에 갤러리들이 들어선다는 게 신기했다. 때로는 남의 떡이 터무니없이 커 보이고, 때로는 남을 형편없이 폄하하기도 하는 게 인간인가 보다. 아무리 도로사정이 나빠도 그곳은 중국의 수도인 베이징 시내였다. 더욱이 중앙미술학원이 가까이에 자리잡고 있지 않은가?

헤이리에 비하면 훨씬 좋은 조건이라고 할 수 있을 것이다. 그러나 주관적일 수밖에 없는 필자에게는 그런 생각이 들지 않았다. 그게 인간인 모양이다.

가까스로 찾아들어간 그곳은 마치 작은 연립주택단지나 서울 변두리의 아울렛몰이 모여 있는 곳 같았다. 갤러리와 작가 스튜디오가 이웃해 있었다. 외국계 갤러리들이 눈에 띄었다. 관람객들은 거의 보이지 않았다.

베이징의 예술촌은 분화 확장을 계속하고 있다. 쑹좡에서 798예술구로, 798예술구에서 지우창과 차오창띠로, 다시 그 주변으로 번져나갔다. 그 움직임이 하도 빠르고 변화무쌍해서 그 끝을 예측할 수조차 없다. 어느 틈에 새로운 예술촌이 생겨나는가 하면, 몇 해 지나지 않아 흔적도 없이 사라지기도 한다. 지우창 같은 곳이 대표적이다.

그 같은 이유를 상업주의에서 찾는 비판적 시각도 많다. 미술시장의 성장과 작품가의 상승이 축복만은 아니라는 것이다. 798예술구의 명성에 비례해 이제는 산업자본마저 비집고 들어오는 형국이다. 하루

세계 예술마을은 무엇으로 사는가

가 다르게 임대료가 오르고 있다. 더 싼 임대료를 찾아 떠나는 예술가들의 자리는 패션숍, 카페 같은 상업시설이 넙죽 차지한다.

798은 이제 더 이상 칙칙하고 을씨년스럽지 않다. 골목 안까지 세련된 디자인의 갤러리, 공방, 카페가 비집고 들어섰으며, 거리에는 세계 각국에서 온 관광객들이 넘쳐난다.

카페 테라스에 앉아 바라보는 2016년 여름의 798 거리 풍경은 갤러리 안에 머물던 중국 사회주의 아방가르드 미술의 세계를 바깥으로 끄집어낸 느낌이었다. 미술관, 갤러리의 간판과 전시 포스터, 공중에 뜬 채 거리를 종횡으로 내달리는 파이프 관, 그 아래 옹색하게 놓인 미술 조형물들이 토해 내는 알 듯 모를 듯한 절규, 짙푸른 가로수 사이로 높이 솟아 있는 공장 굴뚝의 여전한 위용, 그리고 그 속을 누비는 발랄한 옷차림의 인간 군상이 어울려 생동하는 기묘한 문화를 빚어내고 있었다. 얼핏 보면 798은 전혀 중국적이지 않다. 섬이라고 하면 적절할까? 문화적으로 이질적인 섬.

798이 어디를 향해 나아갈지 누군들 자신 있게 이야기할 수 있으랴. 현재의 세련된 모습이 예술 생산이라는 측면에서 오히려 퇴보라는 주장도 타당하다. 하지만 문화 지리적 공간을 확장해 바라보는 사고도 필요할 것 같다. 중국 미술의 볼륨이 기하급수적으로 커지고 798 같은 공간이 사방으로 확장되는 속에서, 십수 년 전과 동일한 역할을 기대할 수는 없는 것이기에. 다행이라면 미술관 이름을 단 공간이 여럿 생겨났다는 것이다. 미술관들이 탄탄하게 받쳐준다면 798예술구는 좀 더 건강한 생태계를 유지할 수 있을 것이다.

한 차례 굵은 소나기가 흩뿌리고 지나간다. 하늘은 온통 잿빛이다. 그런데도 사람들은 동요하지 않는다. 사람을 붙들어 매는 798의 힘이 느껴진다.

798예술구 가는 길

◉	北京市朝阳区酒仙桥路4号798艺术区
🚌	공항고속도로 따샨즈 나들목을 통해 진입.
🚉	베이징 지하철 14호선 將台역에서 20분 거리.
🚍	401, 402, 405, 418, 445, 688, 909, 946, 955, 973, 988, 991.
🌐	www.798district.com

세계 예술마을은 무엇으로 사는가

네덜란드와 독일이 함께 만든 국경 책마을

브레더보르트

네덜란드
Netherlands

세계는 결국
한 권의 책에 이르기 위해 만들어졌다.

— 말라르메

버스는 넓은 평원을 질주하였다. 한겨울의 메마른 대지가 끝 간 데 없이 펼쳐져 있었다. 빈 들판일망정 쓸쓸한 느낌은 들지 않았다. 홈브로흐의 여운이 가시지 않아서일 것이다.

이곳은 한때 세계에서 산업 활동이 가장 왕성했던 곳이다. 독일 공업화의 상징인 루르 공업지대의 중심이다. 오래도록 하늘은 시커먼 연기에 휩싸였고, 강물은 오염되었다. 행정구역상으로는 노르트라인베스트팔렌 주에 속한다. 뒤셀도르프가 주도州都이다.

오늘의 뒤셀도르프는 패션과 예술의 중심지다. '예술가들의 도시'라고도 불린다. '루르 강 위의 파란 하늘.' 오염된 땅과 강과 하늘을 정화하기 위해 뒤셀도르프가 내세운 표어다. 유네스코는 노르트라인베스트팔렌 주 전체를 문화지구로 지정하였다. 찬란한 과거의 문화유산이 넘쳐나서만은 아닐 것이다. 오늘의 세계를 만들어낸 지난 시대의 산업화 시설들까지 중요한 역사 문화 유산으로 받아들인 것일 게다. 역사의 아픈 생채기를 어떻게 보듬어가야 할지 생각하게 한다.

풍차가 맞아주는 동화 속 마을

네덜란드로 들어섰다. 언제 국경을 통과하였는지 기억에 없다. 국경 양쪽의 풍경이 다르지 않았다. 집들도 비슷한 양식이었다. 길은 마을과 마을 사이를 지나고 있었다. 사람살이 냄새가 살갑게 다가왔다. 연신 넓은 초지가 나타났다. 목장이었다.

한적한 시골길을 달리던 버스가 마을 어귀로 내려섰다. 풍차가 보였다. 역시 네덜란드구나 싶었다. 풍차는 살짝이 언덕진 곳에 자리하고 있었다. 언덕 아랫길을 지나면서 보니 크기가 굉장하였다. 5,6층 빌딩만하게 느껴졌다고 하면 지나친 과장일까?

버스는 서서히 마을길로 진입해 들어갔다. 가까이 다가오는 마을은 온통 적갈색이었다. 지붕만 빼고는 집도, 담도, 길도 적갈색이었다.

마치 동화 속 마을 같았다. 수백 년 된 마을이라는데 오래된 느낌이 들지 않았다. 잘 관리되고 있어서일까? 바람에 날리는 휴지 하나 없었다. 깨끗하다 못해 고즈넉하였다. 거리에 도통 사람의 그림자도 보이지 않았다. 책마을이 맞는가 싶었다. 아무리 겨울이고 평일이어도 그렇지, 이래 가지고야 어떻게 유지가 된담 하는 걱정부터 일었다.

우리 앞으로 몇 사람이 다가왔다. 브레더보르트Bredevoort 마을 대표

들이었다. 서울에서 미리 우리의 방문을 연락해 두었던 것이다. 브레더
보르트의 경험을 듣고 싶어서였다. 출판도시와 헤이리 모두 책마을에
꽤 관심이 높던 시기였다.

브레더보르트는 지구상에 만들어진 세 번째 책마을이다. 최초의 책
마을은 웨일스의 헤이온와이, 두 번째는 벨기에의 르뒤다. 헤이온와이
에 첫 책방이 문을 연 것은 1962년이었다. 르뒤에는 1984년, 브레더보
르트에는 1993년에 책방이 생겼다. 세 개의 책마을이 탄생하는 데 30
년이 걸린 셈이다.

헤이리는 맨 처음에 이와 같은 책마을을 목표로 삼았다. 출판인들
이 마을의 설립을 구상하였기 때문이다. 출판도시 이기웅 이사장은
1995년 10월 한 신문에 이렇게 썼다.

> 이제 머지않아 우리도 헤이나 르뒤 같은
> 문화향기 그윽한 아름다운 마을을 가질 수 있게 됐다.
> 10월 초 토지개발공사가 밑그림을 제시한 통일동산 내 서화촌은
> 바로 그 두 마을을 모델로 삼고 있다.
> 고서 및 중고서적, 그림 등 예술품의 유통과 인접분야
> 전문가들의 특화된 마을로 꾸며질 서화촌이 한국, 아시아,
> 나아가 세계적인 명소로 사랑받을 수 있기를 기대해 본다.
>
> ―《내외경제신문》

서화촌은 토지공사에서 정한 헤이리의 처음 이름이다. 헤이리의 개
념은 보다 확장되어갔다. 헤이리 초대 이사장을 맡았던 김언호 한길사

거대한 풍차가 맞아주는 브레더보르트 마을 초입의 풍경.

대표가 1997년 9월에 밝힌 헤이리의 구상을 보면 알 수 있다.

> 우리들이 계획하고 있는 서화촌의 시설들은 이런 것이다.
> 먼저 다양한 내용과 형식을 갖춘 서점들이 즐비하게 들어선다.
> 철학서점, 사회과학서점, 과학서점, 예술서점, 어린이서점 등등.
> 화랑도 들어선다. 화가들의 작업실이 있고 그 작업실에서
> 이뤄진 성과들이 미술 애호가들에게 보일 것이다.
> 영화관들 또한 들어선다. 이곳에 오면 이런저런 영화를
> 취향대로 선택해서 관람하게 될 것이다.
> 연극전문 극장들도 들어선다. 뿐만 아니라 다양한 내용의
> 대화와 토론이 이뤄지고 음악회가 열리는 각종 문화공간도
> 마련될 것이다. 여러 문화예술용품을 판매하는 곳도
> 들어설 것이다.
> 고서박물관 등 작은 규모의 특수박물관들도 입주시킬 계획이다.
> 박물관이란 인간의 삶과 정신을 응시할 수 있는
> 최고의 문화예술 공간이 아닌가. 인간문화재들이 자신의
> 공방을 갖고 그 작품들을 전시하는 공간 또한 마련될 것이다.
> ─《매일신문》

　김언호 전 헤이리 이사장과 이기웅 전 출판도시 이사장은 출판도시와 헤이리의 설립을 함께 주도하였다. 아마도 출판도시가 산업단지가 아니었다면 굳이 헤이리를 따로 만들 필요가 없었을 것이다. 출판도시 안에 필요한 기능을 모두 담으면 되기 때문이었다.

1989년 출판도시를 출범시킬 무렵에는 헤이온와이와 르뒤가 국내에 알려지기 전이었다. 설령 누군가 알고 있었다 하더라도, 이들 출판인들은 정보를 갖고 있지 않았다. 1994년 4월 김언호, 이기웅 두 사람은 잠시 짬을 내어 헤이온와이를 다녀왔다. 빡빡한 일정이었는지라 그들이 그곳에 머문 시간은 두 시간 남짓이었다고 한다. 짧은 여행이었지만, 그것이 이들에게 깊은 영감을 불어넣었다.

출판도시는 신간서적을 만들어내는 곳, 헤이리는 중고서적을 판매하는 곳. 이들은 이렇게 대략의 밑그림을 그렸던 것 같다. 그러나 모든 것이 계획대로만 굴러가는 것은 아니지 않는가? 헤이리는 이내 종합적인 예술마을로 성격이 변모하였다. 다양한 장르의 문화예술인들이 합류하였기 때문이다.

변모된 성격에 맞도록 이름도 바뀌었다. 서화촌書畵村이 지나치게 한정적인 장르를 표현하는 것으로 비칠 우려가 있어서였다. 공모를 통해 헤이리라는 이름이 정해졌다. 헤이리는 파주지역의 농요 〈헤이리소리〉에서 아이디어를 얻은 것으로서, 필자가 낸 안이 채택된 것이었다. 일각에서는 헤이온와이에서 따온 것으로 유추하기도 하는 모양인데, 그것은 전혀 사실과 다르다.

헤이리의 성격이 확장되었지만, 일부 헤이리 회원들의 책마을에 대한 관심은 여전히 높았다. 헤이리가 서점이 많이 들어서는 마을이 되기를 희망하였던 것이다. 출판도시는 말할 것도 없었다. 신간이든 중고서적이든 책을 주제로 하는 독특한 마을이 있다는데 관심이 안 갈 리 없었다. 그리하여 우리는 답사일정에 브레더보르트를 포함하였고, 그곳 사람들과의 면담을 약속해 두었다.

세계 예술마을은 무엇으로 사는가

농촌 살리기 : 책에서 활로를 찾다

버스에서 내려 브레더보르트 마을 대표들과 반갑게 인사를 나누었다. 그들의 뒤를 따라 골목 안으로 들어서니 군데군데 서점이 보이기 시작하였다. 길거리에 책을 내어놓은 곳도 있었다. 겉보기에 서점들은 아주 작았다.

마을 대표들은 우리를 동네 레스토랑으로 안내하였다. 여러 사람이 기다리고 있었다. 브레더보르트를 관할하는 도시의 시장과 시의원, 그리고 책마을을 만드는 데 주요한 역할을 한 사람들이었다. 이기웅 이사장과 김언호 이사장 등이 우리 일행을 대표해서 참석자들과 일일이 인사를 나누었다. 나머지 사람들은 가볍게 인사를 한 후 자리에 앉았다.

시장이 환영의 인사말을 하였다.

반갑습니다. 브레더보르트에 오신 것을 환영합니다.
한국에도 책마을을 만든다니 정말 잘된 일입니다.
이번 방문을 계기로 활발한 교류가 이루어지기를 기대합니다.
말씀은 천천히 나누기로 하고, 식사부터 하시지요.
맛있게 드시기 바랍니다.

그들은 멀리서 온 손님들을 위해 오찬을 준비해 두고 있었다. 미리 귀띔을 받기는 했지만, 대부대가 몰려가 접대를 받으려니 여간 미안하고 거북스러운 게 아니었다. 준비해 간 기념품을 이기웅 이사장이 시장에게 증정하였다. 그리고 간단한 답례의 인사말을 하도록 김언호 이사장을 일으켜 세웠다.

고맙습니다. 진작부터 와보고 싶었습니다.
많이 보고 가겠습니다. 이렇게 식사까지 준비해 주시니
뭐라고 감사의 말씀을 드려야 할지 모르겠습니다.
자, 우리들의 만남과 우정을 위해 건배를 하도록 하겠습니다.

헤이리와 출판도시 사람들의 방문을 보도한 네덜란드 신문.

세계 예술마을은 무엇으로 사는가

김언호 이사장의 제의로 우리는 모두 자리에서 일어났다. 그리고 서로 잔을 부딪치며 다시금 따뜻한 인사를 나누었다. 이어서 오찬이 시작되었다. 풍성한 음식이 기다리고 있었다.

식사를 하면서 우리는 여러 가지 궁금한 것들을 질문하였다. 어떻게 책마을이 시작되었는지, 현황은 어떤지, 어려움은 무엇인지 물어보았다. 거듭되는 질문에 브레더보르트 사람들은 친절히 설명해 주었다. 짧은 시간에 모든 것을 알기는 어려웠지만 브레더보르트가 책마을로 태어나게 된 과정을 대략이나마 이해할 수 있었다.

그들도 우리가 한국에서 하려고 하는 일을 궁금해 하였다. 출판도시와 헤이리 이야기를 들려주었다. 소박한 모습의 브레더보르트와는 현격하게 다른 규모의 프로젝트라서 쉬 이해가 되지 않는 눈치였다. 그러면서도 몹시 흥미 있어 하였다.

시종 화기애애한 분위기였다. 일종의 동류의식 같은 것이었을 것이다. 모임이 진행되는 동안 연신 카메라 플래시가 터졌다. 그곳 지역신문에서 우리의 방문을 취재하고 있었던 것이다. 나중에 그들은 우리 일행의 브레더보르트 방문 소식이 실린 신문을 보내주었다.

브레더보르트는 8백 년 이상의 역사를 가진 마을이다. 전략적으로 매우 중요한 요충지였다. 마을 전체가 하나의 요새였다. 브레더보르트 지도나 포스터, 기념품에는 책 위에 서 있는 무장한 병사가 인쇄되어 있다. 이곳을 지키던 시민의 모습을 형상화한 것이다. 마을을 빙 감다시피 물길垓字이 에워싸고 있다. 마을 입구에는 구식 대포가 전시되어 있다. 모두 이곳이 중요한 요새였음을 말해 주는 증거들이다.

지금의 마을 모습은 3백여 년 전에 형성되었다고 한다. 중세시대와 별반 다르지 않은 고풍스러운 모습을 간직하고 있는 것이다. 덕분에 마을 전체가 문화유산이다. 아름다운 경관과 역사유산을 물려받았지만 마을사람들의 살림살이는 팍팍했던 모양이다. 산업화, 도시화의 거센 물결 속에서 별 도리 없었을 것이다. 우리나라로 치면 평안도나 함경도 국경의 오지 아닌가?

그들은 우선 마을의 역사경관을 복원하는 일에 나섰다. 원형을 손상하는 일은 피했다. 다음에는 마을에 활력을 불어넣는 일을 찾았다. 책마을이 대안으로 떠올랐다. 브레더보르트는 네덜란드 기준에서 보면 오지이지만, 독일과의 관계에서 보면 두 나라를 잇는 가교의 위치에 있다.

브레더보르트의 아름다운 경관과 지리적 위치에 주목한 중고서적상들이 책마을을 제안해 왔다. 독일과 네덜란드 서적상들이 공동으로 프로젝트에 참여하였다. 책을 제본하는 장인들도 합류하였다. 1990년부터 1천만 길더가 투자되었다고 한다. 마침내 1993년 책마을이 탄생하였다.

만찬과 이어지는 대화 속에서 두어 시간이 훌쩍 지나가버렸다. 많은 시간을 흘려보낸 우리는 마음이 바빴다. 바삐 마을을 둘러보아야 했다. 책방 순례라는 게 생각보다 시간이 많이 걸리는 법이다. 그저 쓱 둘러볼 요량이라면 조그마한 마을에서 시간 걸릴 일도 없겠지만.

브레더보르트 사람들은 마을을 둘러보는 안내를 자청하였다. 우리는 극구 사양하였다. 책 구경이라는 건 혼자 하는 게 제격인 까닭이었다. 또 사람마다 기호가 다르지 않은가? 불필요한 민폐를 끼치면서 몰려다닐 일이 아니었다. 사정을 설명하였더니 그렇다면 마을 지도를 구할 수 있는 안내소까지라도 길동무가 되어주겠다고 하였다.

안내소는 광장 앞에 있었다. 예전에 학교로 쓰이던 건물 안이었다. 지도를 한 장씩 나누어 가졌다. 다른 책마을에 관한 자료도 챙겼다. 당시까지 전 세계에 17개의 책마을이 있었다. 말레이시아와 미국에 있는 마을 두 곳을 빼고는 전부 유럽이었다. 지금은 세계 도처에 30여 군데쯤으로 책마을이 늘어났다. 안내자는 마을을 구경하는 요령을 알려주었다. 우리는 그들과 작별인사를 나누었다. 이어서 책방 순례에 나섰다.

책 : 최후의 아날로그 상품

안내소 건물 안에는 몇 개의 서점이 함께 입주해 있었다. 독일서적을 전문으로 취급하는 서점과 영어서적을 판매하는 서점이 눈에 띄었다. 두 서점은 아예 서점이름에 영어와 독일어라는 말이 들어 있었다. 두 곳 모두 컬렉션이 예사롭지 않았다.

눈길 가는 책들을 꺼내 책장을 펴보았다. 1900년대 이전에 출판된 책이 즐비했다. 1700년대나 1800년대 초반쯤 되는 책이라야 고서로 명함을 내밀 만했다. 값도 헐했다. 속표지에 가격을 표기해 두고 있었다. 일일이 묻지 않아도 되니 마음이 편했다.

몇 권 살펴보지 않았는데 주변에 일행들이 몇 없었다. 금세 시간이 꽤 흘렀던 것이다. 욕심 같아서는 퍼질러 앉아 며칠이고 산더미 같은 책을 하나하나 살펴보고 싶었다. 그렇지만 어쩌랴. 다음 기회를 기약할 수밖에. 롱펠로의 시집과 괴테의 에세이집, 에드가 스노가 소비에트 러시아에 관해 쓴 책들을 몇 권 샀다. 같은 건물에 다른 서점과 작가 공방도 있었지만, 스치듯 건물을 나왔다.

길 바로 건너에 서점 몇이 더 있었다. 한 곳은 독일어본 전문서점이었다. 역시 듣던 대로 독일어로 출간된 책을 파는 서점이 많았다. 한 서점은 일러스트 책을 취급하는 곳이었다. 문을 열고 들어서니 일행 몇이 책을 고르고 있었다. 뭐니뭐니해도 바쁜 일정 중에는 일러스트 책이 보물단지다. 내용을 쉬 판별할 수 있고, 편하게 고를 수 있기 때문이다. 고서에 삽화를 그린 사람들은 당대 최고의 화가들이었다. 피카소나 마티스, 샤갈 등 이름만 대면 알 만한 화가들이 다 삽화를 그렸다.

서점을 나서니 마을광장이었다. 키 큰 나무들이 여러 그루 줄지어 있었다. 나뭇잎을 모두 떨구고 있는 중에도 위용이 느껴졌다. 광장 가운데서 작은 조각상을 발견하였다. 화가 렘브란트의 아내 헨드리키에 스토펠스였다. 이 마을에서 태어났다니 세상이 참 좁다는 생각이 들었다.

큰 도시에서 하도 거대한 동상들을 많이 보아온 탓일까. 헨드리키에의 소박단아한 모습에 정감이 갔다. 왼손으로 치맛자락을 살짝 치켜잡고 있는 것이 몹시 생동적이었다. 좌대는 벽돌을 쌓아올린 수수한 모습 그대로였다. 좌대의 높이도 낮았다. 이 고장 사람들이 수백 년 전에 죽은 한 여인을 여전히 자신들의 살가운 이웃으로 여기고 있기에, 이런 소박하고 친근한 모습의 동상이 태어난 것 아닐까 하는 생각이 들었다.

광장은 유럽의 마을에서 굉장히 중요하다. 이곳 역시 브레더보르트

세계 예술마을은 무엇으로 사는가

우리 전통 장날 같은 방식으로 열리는 브레더보르트 책축제.

의 중심일 터이다. 숲 그늘은 사람들의 쉼터가 되어줄 것이고, 놀이문화
도 펼쳐질 것이다. 책마을 브레더보르트의 중요한 이벤트가 펼쳐지는
곳도 이곳이다.

브레더보르트는 앉아서 손님들이 오기만을 기다리지 않는다. 다양
한 프로그램들을 선보이고 있다. 3월의 부활절 북페어를 비롯하여 일
년에 네 번 비중 있는 북페어를 개최한다. 매월 셋째 토요일에는 소규모
북페어를 개최한다. 북페어 기간 동안에는 이곳 광장에 천막 부스가 빼
곡히 설치된다. 동네 서점들만 부스를 차지하는 게 아니다. 다른 지역의
서적상들에게도 자리를 내준다.

마치 우리네 전통 장날 같은 방식이다. 오일장이 서는 날 각지에서 장꾼들이 모여들 듯이, 북페어가 열리는 날이면 인근 각지에서 서적상들이 모여든다. 자연히 책 수집가들과 애호가들이 따라온다.

1998년에는 이곳에서 '세계책마을 페스티벌'이 열렸다. 세계책마을 페스티벌은 여러 나라의 책마을들이 기구를 결성해 2년마다 돌아가며 개최하는 책마을 최대의 축제다. 그 첫 번째 행사가 브레더보르트에서 열렸다. 2014년에는 노르웨이의 트베데스트란에서, 올해는 스위스의 생피에르드클라주에서 열렸다. 필자는 2012년 말레이시아의 랑카위 섬에 위치한 책마을 캄풍부쿠에서 열린 세계책마을 축제에 다녀온 적이 있다.

1998년에 개최된 세계책마을 페스티벌에는 헤이온와이를 설립한 리처드 부스와 르뒤 책마을을 만든 노엘 엉슬로가 참가해 축제의 개막을 알렸다. 그리고 여러 나라의 책마을에서 서적상들이 몰려와 자신들의 부스를 차렸다. 행사기간중 비가 오는 궂은 날씨가 계속되었음에도 축제는 큰 성황을 이루었다.

이처럼 책마을들은 서로 경쟁관계라기보다는 공생관계를 만들어가고 있다. 그들은 경제적 성공 못지않게 지속가능한 농촌 발전의 모델을 만들어가는 데 힘을 쏟고 있다. 그 같은 철학적 공유가 있기에 지식과 정보를 나누고 기술을 전수하는 연대를 필요로 하는지 모른다.

책은 복제 가능한 공산품이다. 그러면서도 대량소비가 이루어질 수 없는 특수한 상품이다. 한 권, 한 권, 다시 한 장, 한 장 낱장을 넘기면서 음미해야 지식으로 흡수된다. 어쩌면 최후로 남은 아날로그 상품이 아닐까 싶다. 책의 이 같은 특수성이 서적상들과 애호가들을 매혹시키는

세계 예술마을은 무엇으로 사는가

요인일 것이다.

> 책마을은 헌책방과 고서점이 모여 있는 작은 시골 소읍이나
> 마을이다. 대부분의 책마을은 역사적 자산이나 경관의
> 아름다움을 가진 마을에서 발전해 왔다.

세계책마을협회 홈페이지에 올라 있는 책마을 설명문이다. 브레더보르트의 예에 딱 들어맞는 말이다. 헤이온와이도 마찬가지다. 필자가 가본 프랑스의 몽톨리외와 노르웨이의 피엘란, 벨기에의 르뒤, 오스트레일리아의 클룬스 역시 그랬다. 자연도 자연이지만 역사적 경관을 자랑하는 곳에 책마을이 들어서는 것은 의미 있는 일이다. 책은 인류의 가장 소중한 문화유산이기 때문이다.

그러나 책의 문화가 어찌 장소를 가릴까. 쓰레기통에서도 장미꽃이 필 수 있는 것이거늘. 뉴욕의 스트랜드나 파리의 '셰익스피어 앤드 컴퍼니' 서점을 헌책 순례자의 메카로 꼽는 이들이 많다. 런던의 채링크로스 거리 헌책방들이며 도쿄의 간다 고서점 거리는 또 어떤가. 책을 사랑하는 데 장소의 제한이 있을 턱이 없다.

책마을은 단순히 책을 즐기는 곳으로 끝나지 않는다. 위에서 보았듯이 역사적인 공간에 생명을 부여하고, 쇠락해 가는 농촌마을을 되살리는 운동이기도 한 것이다.

그럴수록 서울 인사동과 청계천에서 헌책방 문화가 사라져버린 것이 못내 아쉽다. 부산의 보수동 책골목이 정취가 남아 있는 국내 유일

의 헌책방 거리 아닌가 싶다.

외국 책마을의 아름다움에 취하여 헤이리나 출판도시를 폄훼하는 경우를 간혹 접하게 된다. 나라마다 역사적 조건과 문화 환경이 다르기 때문에 단순 비교로 우열을 논할 일은 아니다.

우리는 근대역사의 전개과정에서 전통문화의 공간을 거의 송두리째 잃어버렸다. 옛 모습을 간직하고 있는 하회마을이나 양동마을, 낙안읍성, 제주 성읍마을 같은 곳에 책마을이 들어선다면 얼마나 폼 날까 하는 생각을 해본다. 김언호 헤이리 전 이사장, 박성훈 재능교육 회장 등과 한옥이 잘 보존되어 있는 산청군 단계마을이나 남사마을 같은 데를 책마을로 탈바꿈시키는 프로젝트를 추진해 보자고 이야기를 나눈 기억이 새롭다.

옛 문화유산을 간직한 마을을 현대적인 문화공간으로 변모시키는 일이 쉽지 않다면, 그런 공간을 인위적으로 만드는 일은 피할 수 없다. 책과 문화를 향한 사람들의 사랑이 사라지지 않는 한, 꿈꾸기가 계속되는 한, 그런 움직임은 계속될 것이다. 오늘의 달라진 사회, 달라진 환경 속에서 새로운 개념의 문화공간은 어떤 모습이어야 할까? 과거의 복제는 아닐 것이다. 도시계획, 건축 등에서 새로운 시대의 패러다임을 담아내는 것은 필연이다.

길은 마을광장에서 사방으로 뻗어 있었다. 한쪽 골목 입구에 뾰족한 탑을 가진 교회가 보였다. 작지만 기품이 있었다. 안으로 들어가 보았다. 구경하는 일행이 여럿이었다. 가이드의 설명을 듣고 있었다.

가이드는 17세기에 지어진 로코코 양식의 교회로 문화재라고 설명해 주었다. 프로테스탄트 교회였다. 저 치열했던 독일에서의 30년 종교

세계 예술마을은 무엇으로 사는가

전쟁이 막 끝난 시점에 세워졌다고 한다. 교회 안의 장식물이 하나같이 예술이었다.

사랑하는 사람에게는 책 선물을

이제 시간이 별로 없었다. 서점을 다 돌아다닐 수는 없었다. 거리 끝까지 걸어가 보기로 하였다. 군데군데 서점이 보였다. '양심 서점'이라고 써놓은 곳이 눈에 띄었다. 무인 서적 판매소였다. 24시간 영업한다는 글귀도 보였다. 비가 오면 어쩌나 공연한 걱정이 들었다.

길은 골목길까지 어김없이 블록으로 포장되어 있었다. 차도고 인도고 예외가 없었다. 헤이리 차도를 아스팔트로 하지 않고 블록 포장을 하는 데 이때의 경험이 다소나마 도움이 되었다. 전문가는 아니지만 기회 있을 때마다 블록으로 해보자고 주장할 수 있었던 것이다. 보도 턱을 두지 않은 대신 보도와 인도 사이에 흰색 블록을 깔아 구별해 두고 있었다. 길은 은근하게 휘어 있었다. 직선인 듯하면서 멀리 보면 휘어져 돌아가는 것이다. 습도가 높은 탓인지 사람 발길이 뜸한 골목길에는 블록 사이에 이끼가 자라고 있었다.

집과 집 사이에는 담이 없는 곳이 많았다. 담을 설치한 경우에는 아주 낮게 블록담을 두르거나 생울타리를 설치해 두었다. 곳곳에서 담장과 건물 벽을 담쟁이가 타고 올라가는 모습을 볼 수 있었다. 마을 안쪽

작고 소박한 서점이 스무 곳 남짓 둥지를 틀고 있다.

의 집들 역시 적갈색이 가장 흔했다. 더러 흰색 혹은 회색 계통의 집들
도 있었다. 지붕은 검정과 회색이 대부분이었다. 지붕까지 적갈색을 고
집한 집도 꽤 되었다.

　도로 표지판에 자전거 그림이 자주 눈에 띄었다. 모든 행선지에 자
전거 그림이 들어가 있기도 했다. 자전거 하이킹을 즐기는 사람을 위한

배려인 것 같았다.

골목 끝에서 '데 칸틀리진'이라는 서점을 만났다. 서점의 규모가 컸다. 주제별 분류도 잘 되어 있었다. 광장에서 멀어서인지 서점 안에는 우리 일행이 아무도 없었다. 주인 혼자 책을 정리하고 있었다. 안쓰러운 생각이 들어 몇 마디 말을 붙여보았다.

서점 주인은 경영을 걱정하는 내 의도를 간파했는지 웃으며 말했다. "여기는 주로 주말에 손님들이 찾아옵니다. 대량으로 사가는 고객들이 많은 편이지요."

그는 짐짓 여유를 보였다. 뜨내기손님은 별반 없고, 그곳까지 찾아오는 사람은 책 사냥에 나선 고객들이라는 이야기였다.

다른 길을 택해 다시 광장 쪽으로 향하였다. 갤러리, 앤틱숍, 공방이 몇 눈에 띄었다. 안내지도를 보니 서점이 25개, 갤러리와 작가 스튜디오가 15개라고 씌어 있었다. 사전약속을 해야만 문을 여는 서점도 몇 되었다. 그러고서도 유지가 되는지 궁금했다. 단골이 많은 걸까? 아니면 특화된 전문성을 바탕으로 확실한 거래처가 있는 걸까? 동남아시아 전문서점, 음악 전문서점, 그리스 라틴 전문서점 등이 포함된 걸로 보아 그럴 수도 있을 것이다.

그보다 더 중요한 것은 철학이 아닐까 싶다. 시골구석에서 책을 팔면 얼마나 팔까? 헤이온와이 같은 곳은 전 세계를 상대로 책을 공급한다지만, 그건 일부의 얘기일 뿐이다. 책이 내뿜는 향기에 취해 거기에 인생을 걸고 있는 것일 게다. 몽테뉴 같은 사람은 '고금의 양서'를 교양인의 벗이라 하지 않았던가? 책을 사랑하고, 책을 사랑하는 이를 벗하고, 그들에게 양서를 권하는 재미를 뉘라서 막을 건가?

사거리가 나왔다. 지도를 펴보니 그곳에서 좌회전하면 해자가 있는 곳까지 가볼 수 있었다. 방향을 틀었다. 빠른 걸음으로 걷기 시작하였다. 왼편에 몇몇 서점이 보였다. 눈요기에 만족하기로 했다. 대부분 네덜란드어 책이어서 나로서는 눈뜬장님 격이었다. 서점에 들어가본들 뾰족한 수가 없었다.

길이 끝나면서 해자가 나타났다. 물길이 제법 넓었다. 옛날에 이곳이 늪지였다는 말이 실감되었다. 마을 이름도 늪지를 건너는 '넓은 길' 또는 '넓은 여울'이라는 말에서 유래했다고 한다. 브레더보르트는 처음 그 강가의 모래톱 위에 세워졌다. 차츰 퇴적물이 쌓이면서 마을의 규모가 커졌다. 지금은 강의 물줄기가 완전히 다른 곳으로 돌려졌고, 그 흔적만이 해자로 남았다고 한다.

내게는 그것이 꼭 인공으로 만든 방어용 해자같이 느껴졌다. 마을의 반대편 쪽에 좁은 물길이 있는 것으로 보아 방어용으로 관리되었을 것이다.

이곳에서는 매년 여름 곤돌라 축제가 펼쳐진다. 여름밤의 어둠 속을 불빛으로 장식한 다양한 모습의 곤돌라들이 퍼레이드를 벌인다. 곤돌라의 형태가 집, 동물, 캐릭터 등 다채로운데다, 출렁이는 물결에 비치는 모습이 아주 환상적이라고 한다.

해자 가에 잘 조성된 산책길을 걸어볼 엄두도 내지 못한 채 버스 타는 곳으로 허겁지겁 달려갔다. 헌책방의 즐거움은 보물찾기다. 그렇다면 오늘의 순례는 F학점이다. 생각할수록 아쉬움이 배어났다.

버스에 올라 브레더보르트 지도를 펴보았다. 설명문 중에 브레더보르트가 독일 뮌스터 지방의 쇠핑겐 예술마을과 제휴를 맺고 있다는 구절이 보였다. 당시는 예술마을이라는 글귀만 보이면 눈이 똥그래지던 때였다.

한국에 돌아와 찾아보니 작가 레지던시 프로그램을 운영하는 재단이 쇠핑겐에 있었다. 문인과 비주얼 아티스트를 주대상으로 입주 작가를 선정한다고 한다. 전혀 다른 세계의 예술가를 한데 입주시키는 것이 특징이었다. 장르 사이의 소통과 실험을 전위적으로 모색하는 곳 같았다. 우연한 기회에 헤이리 회원인 김혜련 작가가 쇠핑겐 레지던시 프로그램에 참가한 적이 있음을 알게 되었다.

'예술은 영혼의 치유자.' 홈브로흐에서 보았던 문구가 떠올랐다. 그렇다면 책은? 지식과 문화를 담아내고 흘려보내는 저수지 같은 것 아닐까. 스페인 카탈루냐 지방에서는 축제날 남자는 사랑하는 여자에게 장미꽃을, 여자는 사랑하는 남자에게 책을 선물한다고 한다. 이것이 계기가 되어 4월 23일이 세계 책의 날이 되었다.

한국 출판은 지금 일찍이 없던 위기에 빠져 있다. 헌책방만이 고사한 게 아니다. 혹시 사랑이 부족해서일까?

브레더보르트 가는 길

📍 Bredevoort, Aalten, Gelderland, Netherlands

🚌 암스테르담에서 A2, A12번 도로를 탄 다음 아른헴을 지나 A18 도로로 빠져나옴. N318 도로를 경유해 브레더보르트에 도착. 독일 쪽에서는 A3, A18번 도로 이용.

🚈 암스테르담에서 아른헴까지 이동한 다음, 아른헴과 빈터스비크 사이를 운행하는 기차로 갈아 탐. 알텐역에서 하차.

🚌 알텐역에서 191번 버스나 택시를 이용해 브레더보르트로 이동.

🌐 www.bredevoort.nu

세계 예술마을은 무엇으로 사는가

공장 폐허 속에서 솟아난
공예예술마을

피스카스

핀란드
Finland

건축이란
낙원을 건설하려는 인간 내면의 동기에서 시작된다.
이것이 내가 건축물을 설계한 목적이다.
그 뜻을 달성하지 못하면, 건축물은 더 단조롭고
무미건조해질 것이다. 우리 인생도 그렇지 않을까.
나는 지구상에 존재하는 보통사람을 위한
낙원을 건설하려고 한다.

― 알바 알토

피스카스Fiskars. 칼과 가위를 만드는 회사 이름이다. 주황색 상징이 들어 있는 이 회사의 제품은 세계적인 경쟁력을 자랑한다. 비어 있던 이 회사 공장터에 돌연 예술마을이 생겨났다. 피스카스 회사의 발생지인 핀란드에는 그 유명세에 걸맞는 공장이 이젠 없다. 빠르게 명성을 쌓아가는 같은 이름의 예술마을이 있을 뿐.

북유럽 답사계획을 세웠다. 수년 전부터 벼르던 일이었다. 핀란드에서 활동하는 안애경 씨를 만난 것이 계기가 되었다. 안애경 씨는 텍스타일 아티스트이면서 기획자로 일한다. 한국과 스칸디나비아 나라 사이의 문화교류에 한몫을 하고 있다. 안애경 씨가 가이드를 자청했다.

북유럽 답사의 주목적은 건축이었다. 세계적 거장의 한 사람인 알바 알토만으로도 가슴 뛰는 일이었다. 안애경 씨와 의논해 답사기획안을 짰다. 현지사정을 잘 아는 그가 적극적으로 여러 안을 내놓았다. 열하루에 걸친 여정을 핀란드와 노르웨이에서 전부 보내기로 했다.

떠나기 며칠 전까지도 피스카스는 일정에 없었다. 처음에는 고려 대상이 아니었다. 안애경 씨의 핀란드인 동료가 피스카스 방문을 권유했던 모양이다. 그래서 막판에 방문지에 끼여들게 되었다.

답사를 떠난 2004년만 해도 한국에서 핀란드를 가는 직항노선이 없었다. 국내 항공기를 이용하면 프랑크푸르트나 암스테르담에서 갈아타야 했다. 그나마 표를 구할 수 없었다. 여름 성수기였기 때문이다. 가까스로 핀란드 여객기의 표를 구했다. 오사카에서 출발하는 비행기였다.

헬싱키에 내린 시간은 한낮 오후였다. 비행기는 북극해에 면한 러시아 땅 상공을 지나 핀란드로 향했다. 날씨가 청명해서 핀란드 동부의 삼림지대를 굽어다볼 수 있었다. 숲과 호수의 나라라는 말이 실감났다. 헬싱키 앞바다에 섬들이 흩뿌려놓은 듯 점점이 떠 있었다. 우리나라 남해의 다도해와는 느낌이 달랐다. 땅과 바다가 만나는 해안선이 각지고 거칠었다. 빙하가 할퀴고 간 자국이 선연했다.

이런 땅에서 문화가 꽃피는 게 신기했다. 핀란드는 세계적인 디자인 강국이다. 음악과 건축, 미술에서도 괄목할 만한 업적을 내놓았다. 거친 자연과 맞서다 순응하면서 부드러움을 얻은 것일까. 핀란드의 정치가이자 철학자인 스넬맨은 이미 19세기에 "작은 국가의 힘은 문화에서 나온다. 문화가 나라를 발전시키는 유일한 수단이다"고 말했다.

스웨덴의 오랜 지배에 이어 다시 러시아에 예속돼 있던 나라의 지도자 말 치고는 한가한 소리로 들린다. 그러나 그처럼 문화를 숭상하고 배양했던 것이 오늘의 핀란드를 만든 힘이었던 모양이다.

세계 예술마을은 무엇으로 사는가

작은 국가의 힘은 문화에서 나온다

공항에서 곧바로 호텔로 향하였다. 묵을 방에 가방을 들여놓고는 부리나케 로비에 모였다. 저녁식사를 위해 이동해야 했다.

식당으로 가는 도중에 대형 서점을 발견하였다. 아카데믹 서점이었다. 헬싱키에서 제일 큰 서점인데, 알바 알토가 설계하였다고 한다. 그 말에 시장기도 잊은 채, 너나없이 서점 안으로 몰려들어갔다. 건물 중앙의 3개층이 퇴어 있고, 천장은 자연광선이 들 수 있는 유리 지붕이었다. 2층에 올라가니 '알토'라는 이름의 카페가 자리하고 있었다. 카페 내부는 알바 알토가 디자인한 가구 일색이었다. 알바 알토는 건축가이지만 토털 디자이너라고 해도 될 만큼 다양한 분야의 디자인에 자신의 이름을 남겼다.

며칠 후 아라비아 센터를 방문하였을 때도 다시금 이를 확인하였다. 아라비아 센터는 핀란드를 대표하는 도자기 회사의 제품 전시장이다. 아라비아 도자기와 이탈라 브랜드의 유리 그릇 가운데서 알토의 디자인을 만날 수 있었다. 유리잔, 찻잔 등 가지가지 종류였다. 여전히 인기리에 팔리고 있다고 한다. 2008년 초 헤이리를 방문한 핀란드 사람이 내게 준 작은 선물도 알토가 디자인하고 이탈라에서 생산한 유리그릇이었다.

아카데믹 서점의 바로 이웃 빌딩은 엘리엘 샤리넨이 설계한 건물이었다. 샤리넨은 알토 이전의 핀란드를 대표하는 건축가다. 그 다음 건물은 알토가 설계한 철강협회 건물이었다. 두 대가가 설계한 건축물들이 헬싱키 도심의 한 블록을 차지하고 있었다.

헬싱키에는 알바 알토의 작품이 많다. 핀란디아홀같이 핀란드를 대표하는 건축이 알토에 의해 설계되었다. 우스꽝스러운 고백이지만 한동안 나는 핀란드에는 건축가가 알토밖에 없는 줄 알았다. 그는 하나의 봉우리일 뿐이었다. 산맥이 형성되기 위해서는 주봉 못지않은 수많은

알바 알토가 설계한 핀란드의 대표 문화시설 핀란디아홀.

세계 예술마을은 무엇으로 사는가

연봉들이 줄지어 있어야 한다.

핀란드 건축박물관에서 구한 헬싱키 건축 안내지도에는 모두 194개의 건축물이 표시되어 있었다. 그 가운데 알토의 작품은 공동 설계를 포함해 10개였다. 한 도시의 건축지도를 만들 만큼 그들은 자신들의 건축문화에 자부심을 가지고 있었다. 부럽다 못해 질투가 났다.

다음날 우리는 키아스마 현대미술관에서 답사일정을 시작하였다. 호텔에서 아주 가까운 거리였다. 키아스마는 핀란드 현대미술을 대표하는 공간이다. 1998년 문을 열었다. 현상설계를 통해 미국 건축가 스티븐 홀이 설계하였다.

건물 마당에는 이 건물과는 어울리지 않는 말을 탄 장군의 동상이 서 있었다. 1940년 소련과의 겨울전쟁을 승리로 이끈 마네르헤임 장군의 동상이었다. 대통령을 지낸 핀란드의 국부 같은 존재이다.

전시를 둘러보면서 핀란드 현대미술이 아주 높은 수준에 있음을 알 수 있었다. 세계 주류미술의 흐름과 궤를 같이하고 있었다. 오히려 한발 앞서나가고 있다는 느낌조차 들었다. 미디어아트 계열의 작품이 많이 눈에 띄었다.

미술관 관계자는 미술관이 살아 있는 교육의 공간이 될 수 있도록 노력하고 있다고 들려주었다. 단순히 작품을 보여주는 것이 아니라, 새로운 개념의 사고를 키워주는 데 역점을 두고 있다는 것이다.

키아스마 현대미술관 바로 아래쪽에는 핀란디아홀이 자리하고 있다. 유로화를 사용하기 전의 핀란드 화폐에 등장한 건물이다. 50마르카 지폐의 앞면은 알바 알토의 초상화가, 뒷면에는 핀란디아홀이 도안되어 있다. 핀란드 사람들이 알토를 얼마나 자랑스러워하는지 알 수 있는 대목이다. 알토는 핀란드 사람들에게 핀란드 문화를 상징하는 아이콘이다.

> 건축이란 낙원을 건설하려는 인간 내면의 동기에서 시작된다.
> 이것이 내가 건축물을 설계한 목적이다. 그 뜻을 달성하지
> 못하면, 건축물은 더 단조롭고 무미건조해질 것이다.
> 우리 인생도 그렇지 않을까. 나는 지구상에 존재하는
> 보통사람을 위한 낙원을 건설하려고 한다.

보통사람을 위한 낙원을 만들어주겠다. 얼마나 멋진 말인가? 이렇게 말한 알토를 어찌 사랑하지 않을 수 있었으랴.

핀란디아홀은 콘서트홀이다. 1,750석의 대공연장과 350석의 소공연장을 갖고 있다. 콘서트홀이 건물의 다른 부분과 구조적으로 분리되어 있어, 외부의 소음이 완전히 차단된다고 한다. 우리는 핀란디아홀 안내자를 따라 건물 내부를 꼼꼼히 둘러볼 수 있었다.

건물 앞에는 호수와 공원이 넓게 펼쳐져 있다. 호수 반대편으로 걸어가면서 보니 호수를 따라 길게 펼쳐진 흰 파사드가 아주 인상적이었다. 고요한 호수 물속에 또 하나의 핀란디아홀이 숨어 있었다. 키아스마 바로 옆이지만 나흘째 날이 되어서야 핀란디아홀을 방문하였다.

키아스마 관람을 마치고 나오자, 안애경 씨가 핀란드 작가들을 소개해 주었다. 렌톨라, 요한나, 윙그비스트 세 사람이었다. 피스카스로 가는 일정에 그들을 초대한 것이었다. 작가들은 우리 일행과 반갑게 인사

세계 예술마을은 무엇으로 사는가

를 나누었다. 핀란드 작가들과 함께 여행하는 즐거움을 덤으로 누린 셈이다.

핀란드에는 핀란드 역이 없다

버스가 시가지를 달리기 시작하였다. 다른 유럽 도시들과는 조금 다른 면모가 느껴졌다. 러시아풍의 건축이 많기 때문이었다. 제정러시아 시대의 네오클래식 건물들이었다. 핀란드는 1917년 러시아혁명으로 짜르 정부가 무너지면서 비로소 독립국가를 세울 수 있었다. 한 세기 넘게 러시아의 지배를 받은 다음이었다.

상트페테르부르크에 왜 핀란드역이라는 이름의 기차역이 있을까 궁금하던 시절이 있었다. 에드먼드 윌슨의 《핀란드역까지》를 읽으면서였다. 핀란드행 기차가 들고 나는 역이 핀란드역이었다. 망명지를 전전하던 레닌은 러시아 혁명이 성공한 후 바로 그 기차를 타고 핀란드역에 내렸다. 미국이 낳은 뛰어난 문필가의 한 사람인 윌슨에게는 그 장면이 다른 어느 사건보다도 더 드라마틱한 역사의 순간으로 비쳤던 모양이다.

핀란드와 러시아는 그만큼 지근거리에서 애증을 나누어온 사이였다. 지금도 서구의 기업들이 러시아에 진출하기 위해 핀란드를 우회로로 선택하는 경우가 많다고 한다. 영화 〈닥터 지바고〉는 많은 장면을 헬싱키에서 찍었다. 헬싱키에서 모스크바의 모습이 묻어나기 때문이었다.

버스가 시내의 한 공원 앞에 멈추어 섰다. 시벨리우스 공원이었다. 핀란드를 대표하는 세계적인 반열의 작곡가다. 시벨리우스를 모르는 사람은 많지 않을 것이다. 그의 이름을 빠뜨리는 음악 교과서는 없을 테니.

광장 중앙에 거대한 조형물이 서 있었다. 파이프 오르간을 연상시키는 모습이었다. 6백 개의 강철 파이프로 이루어졌다고 한다. 파이프 하나가 사람 몸통만 했다. 길이는 어른 키보다도 훌쩍 커보였다.

파이프 조형물 앞에는 자연석으로 된 거대한 좌대 위에 시벨리우스의 두상이 놓여 있었다. 얼굴 생김새가 아주 정교한 것으로 보아 데스마스크를 떠 제작한 것 같았다. 이른 시간인데도 사람들이 많았다. 관광객들이었다.

우리는 다음날 라흐티라는 곳에 지어진 시벨리우스 콘서트홀을 가보았다. 헬싱키에서 버스로 1시간 반 정도 걸리는 북쪽이었다. 큰 호숫가에 지어진 콘서트홀은 얼핏 단순하고 소박한 생김새였다. 높다란 천장을 자랑하는 로비는 구조재가 온통 목재였다. 전면 유리창을 통해 바다처럼 넓은 호수가 한눈에 들어왔다. 콘서트홀 직원은 음향 수준이 좋기로 세계적으로 정평이 나 있다며 목에 힘을 주었다.

이곳에서는 매년 가을 시벨리우스 페스티벌이 열린다. 2000년 콘서트홀 개관과 함께 페스티벌이 시작되었다. 이 콘서트홀을 무대로 라흐티 심포니 오케스트라가 활동한다고 한다.

콘서트홀 안에 있는 카페테리아에서 점심을 해결했다. 밥 먹을 장소가 마땅치 않았던데다 조금이라도 오래 그곳에 머물고 싶어서였다. 마침 스피커에서는 시벨리우스의 교향곡이 흘러나오고 있었다. 식사가 조금 부실했지만, 시벨리우스의 음악을 들은 것으로 상쇄되고도 남았다.

콘서트홀 옆은 부두였다. 부두에는 호수를 운항하는 여객선과 요트가 정박해 있었다. 호수에 요트가 떠 있는 것은 처음 보았다. 바다를 연상시킬 만큼 큰 호수였다.

핀란드에 도착한 다음 가장 자주 눈에 띈 단어가 '수오미'였다. '호수의 나라'라는 뜻이었다. 핀란드 인들은 자신들의 땅과 나라를 수오미라고 부른다. 왜 수오미인지 도처에서 만나는 호수를 본 다음에야 고개가 끄덕여졌다. 호수가 20만 개나 된다니 더 말해 뭐할까.

시벨리우스 공원을 출발한 버스는 이내 헬싱키 시내를 벗어났다. 낮은 구릉지가 이어지고 있었다. 평화롭고 목가적이었다. 여름이라 더 그럴 것이다. 낮은 구릉이라도 곳곳이 짙은 숲이었다. 빽빽한 자작나무숲이 눈길을 끌었다.

헤이리에 건축물이 한창 들어서던 당시에 건축가들이 가장 선호하던 조경수가 자작나무다. 늘씬하게 키 큰 하얀 자작나무는 여간 귀티가 나는 게 아니다. 콘크리트든, 철판이든, 목재든 어떤 재료의 건물과도 썩 잘 어울리는 편이다. 그렇지만 겨우 몇 십 주 건축물에 이웃해 심은 모습만 보았을 뿐이니, 자작나무가 지천인 차창 밖의 풍광이 욕심날 수밖에 더 있었으랴.

버스는 도중에 한 곳을 더 들렀다. 비트래스크에 있는 건축가의 집이란 곳이었다. 엘리엘 샤리넨, 헤르만 게셀리우스, 아르마스 린드그렌 세 건축가의 아틀리에 겸 살림집이었다. 샤리넨이 설계한 중심건물은

비트래스크에 있는 건축가의 집. 한글 안내문이 인상적이다.

현재 박물관으로서 일반에 공개되고 있었다. 뜻밖에도 한글 안내문이
놓여 있었다.

　　20세기에 갓 들어서면서 설계된 집답게 고전적인 양식에 기초하고
있었다. 아르누보 느낌도 묻어났다. 특히 내부의 집기며 장식에서 그랬
다. 건축적으로는 민족적 낭만주의 양식으로 분류하는 모양이다. 내부
가 미로처럼 얽혀 있는 2층집이었다. 당시 사용하던 의자, 탁자, 침대,
벽난로, 장식장, 그릇 등이 잘 보존되고 있었다.

　　셋이 함께 생활한 지 얼마 지나지 않아 샤리넨은 헬싱키 중앙역 설
계공모에 단독으로 응모하였다. 이것이 빌미가 되어 세 건축가의 낭만
적인 전원생활은 종말을 고하였다. 그만큼 공동체라는 게 어려운 것이

　　　　　　　　　　　　세계 예술마을은 무엇으로 사는가

구나 하는 생각이 다시금 들었다.

건축가의 집은 아름다운 자연을 끼고 있었다. 널따란 정원이 잘 꾸며져 있을 뿐 아니라, 집 뒤는 바로 호수였다. 50여 미터쯤 되는 나무계단을 내려가면 호숫가에 닿게 된다. 호숫가에는 사우나실이 지어져 있었다. 사용하지 않는 곳인데도 자작나무 향이 느껴졌다. 참 낭만적이다. 사우나에서 땀을 뺀 후 그림 같은 호수 속으로 첨벙 들어가 수영을 즐겼을 것 아닌가?

언젠가 직장상사에게서 들은 말이 떠올랐다. 외교관인 부친을 따라 핀란드에서 한동안 산 적이 있는데, 텔레비전 뉴스에 사우나를 마치고 호수에서 걸어 나오는 대통령의 벗은 모습이 그대로 방영되더라는 것이었다. 그러고 보니 '사우나'라는 말 자체가 핀란드어인 것 같았다. 확인해 보니 역시 그랬다. 그렇다면 사우나야말로 핀란드 최대의 문화 수출품 아닐까?

피스카스는 저절로 이루어졌다

점심을 먹고 다시 길을 떠났다. 얼마 지나지 않아 버스는 계곡으로 접어들었다. 2차선 도로가 완만한 경사를 이루고 있었다. 도로가에는 잘 자란 아름드리 가로수가 줄지어 있었다. 오크 나무였다. 길 양쪽으로 일제시대 관공서 같은 건물이 드문드문 보였다. 버스가 멈추었다. 피스카스에 도착한 것이었다.

버스에서 내렸다. 울창한 숲이 압도해 왔다. 숲은 길가에까지 이어져 있었다. 건물들은 숲속에 다소곳이 몸을 낮추고 있었다. 숲과 건물이 애초부터 하나였다는 듯 산속마을의 풍경이 정겨웠다. 눈에 띄는 건물은 몇 채 되지 않았다. 마을의 규모를 짐작조차 할 수 없었다.

길가에 벤치가 놓여 있었다. 벤치 뒤쪽으로 보이는 것은 설치작품들이었다. 설치작품 너머는 개울이었다. 흐르는 물이 수정처럼 맑았다. 대단위 공장터였다는 말이 실감나지 않았다.

개울 건너 건물 앞에 하얀 손을 형상화한 작품 둘이 짝을 이루고 있는 게 눈에 띄었다. 주변에 설치작품 몇이 더 보였다. 건물은 검은 색 벽돌집이었다. 벽돌의 재질이 묘한 아름다움을 풍겼다. 2층에는 구름다리가 걸려 있었다. 1층과 2층 모두 진출입이 가능했다.

건물 안으로 들어섰다. 전시장이었다. 천장 부위는 목재로 되어 있고, 벽은 벽돌이었다. 갤러리라고 하기엔 건물 구조가 엉성하였다. 혹시 비라도 새지 않을까, 도둑이라도 맞으면 어쩌려고 하는 괜한 걱정이 앞섰다.

알고 보니 이 건물이 피스카스에서 가장 크고 좋은 갤러리였다. 그래너리 갤러리라는 이름이 붙어 있었다. 옛 곡물창고를 개조한 것이었다. 존경심이 들었다. 이렇게 소박하고 형식에 얽매이지 않을 수도 있구나 생각하니 더욱 신선했다.

어렸을 때 시골에서 본 적이 있는 한지공장이 생각났다. 목조로 된 천장에다 진열된 작품이 하얀색 일색이어서 더 그랬는지 모르겠다. 게

　　　　　　　　세계 예술마을은 무엇으로 사는가

피스카스 마을 풍경. 대표 전시장인 그래너리 갤러리(위)와 작은 호수를 끼고 있는 공원.

다가 갤러리 옆은 개울이었다. 경사진 개울을 맑은 물이 소리 내어 굽이 치며 흐르고 있었다. 개울에 나무 수로를 연결해 건물 안으로 물을 끌어들이기만 하면 영락없이 허름한 한지공장이었다.

브로셔를 보니 전시 제목이 '화이트'White였다. 3월부터 9월까지 계속되는 전시였다. 화이트 곧 하양이 주제이다 보니 전 작품이 하얀색 일색이었던 것이다. 바깥의 설치작품도 전시를 위해 제작 설치한 것이었다.

작품은 다양했다. 설치작품에서부터 조각, 회화, 도예, 가구, 액세서리까지 망라되어 있었다. 본격 예술작품보다는 공예작품으로 분류할 수 있는 것들이 많았다. 대부분 핀란드 작가들의 작품이었다. 피스카스에 거주하는 작가들이 다수 참여하고 있었다. 그밖에 스웨덴 작가들이 10여 명 되었고, 덴마크, 네덜란드, 영국 작가들의 이름이 보였다.

핀란드에 와서만도 몇 시간 전에 내놓아라 하는 컨템포러리 작품을 키아스마 현대미술관에서 보고 온 참이라, 그다지 감동을 느낄 수는 없었다. 그저 작품을 쓱 둘러보고 말았다는 표현이 어울릴 것이다. 처음 들른 그곳 갤러리가 피스카스에서 어떤 지위를 갖는지 몰랐기 때문에 더욱 부주의할 수밖에 없었다.

그러나 전시 형태가 상당히 재미있다는 생각을 했다. 대형 설치작품에서부터 액세서리까지 온갖 장르가 한 주제 아래 하나의 갤러리에서 전시되고 있는 게 신기했다.

그래너리 갤러리에서 구름다리를 타고 밖으로 나오면 피스카스 포럼 건물을 만난다. 칼을 만들던 공장이다. 다시 개울을 건너면 코퍼 스미스 갤러리다. 이름 그대로 구리 제품을 만들던 공장이다. 갤러리와 레스토랑이 함께 들어 있었다. 갤러리에서는 도예 작품이 전시되고 있었다.

숲속에서 작은 공방을 발견하였다. 이전에 세탁소로 사용하던 건물이었다. 모든 게 이런 식이었다. 공장건물과 노동자 숙소뿐 아니라 외양간, 탈곡장, 소젖을 짜던 건물, 이런 모든 것들이 새 주인을 만나 예술적 기능으로 변모하거나 카페, 식료품점 등 생활편익 시설로 바뀌어 있었다. 주물공장과 공장 구내식당은 피스카스 박물관으로 변모하였다. 공장이 활기차게 돌아가던 시절의 피스카스 옛 모습을 보여주는 곳이었다. 탈곡장은 벼룩시장이 되었다.

개울을 건너 다시 큰길로 나오면 시계탑 건물이 보인다. 옛날에 학교로 쓰이던 건물이다. 소품 중심의 작품판매 갤러리가 들어 있었다. 오노마 숍이라는 이름으로 피스카스 작가협회가 운영한다. 시계탑 건물과 나란히 길가에 두 동의 긴 건물이 자리하고 있었다. 세라믹, 금속공예, 보석, 의류, 액세서리를 파는 가게들이 들어 있었다. 옛 노동자들의 숙소였다고 한다.

큰 기대를 했던 것은 아니지만, 피스카스의 도시적 기능은 보잘것없었다. 갤러리라야 두세 곳에 지나지 않았으니. 그렇다고 이 작은 마을을 우습게 보아서는 안된다. 그 기본성격이 예술가들이 모여 작업하는 예술가마을인 까닭이다. 피스카스 작가협회에 소속된 작가만도 120여 명에 이른다.

이 마을에 작가들이 들어와 터를 잡기 시작한 것은 1990년대 초였다. 당시 피스카스의 공장과 집들은 대부분 빈 집이었다. 피스카스 회사가 이 마을에 공장을 유지하는 것은 경쟁력이 없다고 판단해 해외로 이전하였기 때문이다. 이곳보다 몇 배의 규모와 최신식 설비를 갖춘 공장이 해외 곳곳에 설립되었다. 피스카스 회사는 국제적인 회사로 성장하였지만, 이곳은 폐허로 남겨졌다.

그 빈 곳을 찾아 들어온 것이 예술가들이었다. 싼 임대료, 넓은 작업 공간과 공장지대였음에도 오염되지 않은 환경을 지닌 게 피스카스의 장점이었다. 마을이 다시 활력을 띠기까지 몇 년이 채 걸리지 않았다. 그것은 누구의 계획에 의한 것이 아니었다. 저절로 이루어졌다. 먼저 들어온 예술가가 다른 사람을 데려오는 식이었다.

피스카스 마을에 사는 디자이너 쿨빅은 당시의 기억을 이렇게 들려주고 있다.

> 피스카스 회사는 이곳에 사람들이 모이게 하는 데
> 손가락 하나 까딱하지 않았습니다. 모든 것은 자유롭게 아무런
> 계획도 없이 진행되었습니다. 한 사람이 다른 사람을 데려오고,
> 그 사람이 다시 친구를 데려오는 식이었지요.

피스카스에 들어온 예술가들은 매우 넓은 장르에 걸쳐 있다. 순수 예술에서부터 디자인, 공예분야까지 폭이 넓다. 전체적으로 보면 공예쪽이 우세하다. 핀란드가 전통적으로 디자인과 공예가 발달해서일 것이다.

디자인의 세계에서 핀란드가 갖는 힘은 아라비아 센터에서 여실히 확인할 수 있었다. 헬싱키 시내에 위치한 아라비아 센터는 아라비아(도자기)와 이탈라(유리그릇)라는 브랜드 제품을 전시 판매하는 곳이다. 제품을 연구하고 디자인하는 기능을 함께 갖추고 있었다. 부러웠던 것은 뛰

세계 예술마을은 무엇으로 사는가

공장이 활기차게 돌아가던 시절의 옛 피스카스.

어난 디자인 제품만이 아니었다.

실내 농구 경기장쯤 되는 큰 규모의 전시장이 텅 빈 채로 있었다. 현대미술을 포함한 다양한 전시와 이벤트가 진행된다고 한다. 안애경 씨는 조만간 자신이 기획한 닥종이 전시와 한국문화 행사가 그곳에서 열린다고 들려주었다. 세계적인 디자인 브랜드를 키워내는 힘이 그런 데서 나오는 것 아닌가 싶었다.

예술성을 추구하면서도 기능적이고 실용적인 디자인에 강점을 갖고 있는 것이 핀란드 디자인의 특성 아닌가 싶다. 아라비아와 이탈라도 세계 유수의 디자인상을 수없이 수상하였지만, 그들의 일관된 방향은 '삶을 담는 디자인'이라고 한다.

피스카스의 숙제는 서로 다른 장르에 종사하는 예술가들 사이의 조화를 모색하는 일과 경제적 돌파구를 마련하는 일이다. 표면적으로는 장르 사이의 갈등은 적어 보였다. 그래너리 갤러리의 '화이트' 전시에 여러 장르의 작가들이 함께 참여하고 있는 것을 보아도 그런 분위기가 느껴졌다.

그러나 언제까지 그런 상태가 계속될지 알 수 없는 일이다. 우선 갤러리 숫자가 너무 적었다. 장르별로 나누고 다양한 전시를 개최하기에는 턱없이 부족한 숫자다. 헬싱키에서 동행한 작가 한 사람에게 그런 점을 어떻게 생각하는지 넌지시 물어보았다.

"너무 작은 마을이어서 그렇지 않을까요? 서로 잘 알다 보면 장벽을 갖기 어렵죠."

고개를 갸우뚱하며 어렵사리 대답하였다.

세계 예술마을은 무엇으로 사는가

피스카스 작가협회는 예술과 경제 두 마리의 토끼를 잡으려는 것으로 보인다. 그들은 피스카스 작가들에게 자극을 주고 마을에 활력을 불어넣기 위해 해외작가를 대상으로 하는 레지던시 사업을 시작하였다. 2006년부터 시작되었다. 해마다 10명에서 15명 내외의 외국 작가들이 레지던시 프로그램에 참여한다.

한편으로는 오노마라는 공동의 숍을 열었다. 오프라인 숍과 온라인 숍을 동시에 운영한다. 작가들의 작품을 팔아 경제적 이윤을 얻기 위해서다. 작품의 판매는 꾸준히 증가하고 있는 모양이다. 어떤 해에는 판매액이 배로 늘었다고 한다.

오노마에서 판매하는 작품에 대해 독일의 《쉐너 보넨》이라는 잡지는 '키치적이지 않은 예술-정말로 다른 오브제'라고 기사를 쓴 적이 있다.

피스카스는 해외와의 네트워크를 구축하는 데서도 성과를 나타내고 있다. 프랑스 니스의 근현대미술관과 런던의 바비칸센터, 뉴욕의 미국공예박물관 등이 피스카스 작가들의 작품을 초청 전시하였다. 국제교류는 계속해서 늘고 있다. 한국문화예술위원회가 지원하는 프로그램에서도 피스카스 이름을 본 적이 있다.

마을 입구에서부터 중심지까지 얼추 둘러본 셈이었다. 불현듯 이곳이 과연 철제품을 생산하던 공장지대가 맞을까 하는 생각이 들었다. 우선 자연이 너무 아름다웠다. 점점이 집들이 박혀 있기는 해도 주변 숲은 사람의 발길이 닿지 않은 곳처럼 울창했다. 맑은 물소리와 새소리가 아름다운 하모니를 연출하고 있었다.

숲속의 건물들도 공장이라기에는 격조가 있었다. 사용된 재료는 주

로 벽돌과 나무였다. 건물들은 지어진 지 이미 한 세기에서 두 세기가
흘러 있었다. 공장건물이 그쯤 되면 몇 번 헐려야 정상이다. 그런데 어
느 역사경관지구에라도 와 있는 듯한 착각을 불러일으켰다.

　나중에 자료를 찾아보고 깜짝 놀랐다. 아니나 다를까. 그곳 공장건
물들이 하나같이 건축가들의 작품이었던 것이다. 그것도 당대 최고의
핀란드 건축가들이었다. 엥겔, 비크, 그란스테트, 아스펠린, 바시 같은
사람들이었다. 이들의 손에 의해 설계된 건물들이 헬싱키 시내에 아직
여럿 남아 있다. 칼 루드비히 엥겔 같은 경우는 헬싱키 건축안내 지도에
14개 건물이 포함되어 있었다. 알바 알토를 넘어선 숫자다.

　그래너리 갤러리에 사용된 벽돌은 철을 생산하면서 생긴 슬래그를

가지고 찍어낸 것이었다. 그래서 그런 독특한 아름다움을 뿜어내고 있었던 것이다. 건물을 설계한 발데마르 아스펠린의 번뜩이는 기지가 느껴졌다.

피스카스의 마지막을 우리는 동행한 핀란드 작가의 친구 스튜디오에서 보냈다. 계곡을 좀더 올라가 도로가 내려다보이는 전망 좋은 곳이었다. 조각가인 작가는 살림집을 겸해 부인과 함께 그곳에 살고 있었다. 집이 외따로 떨어져 있어 작업하기에는 안성맞춤이었다. 마당 입구에서부터 작가의 세심한 손길이 느껴졌다. 작은 물건 하나도 범상치 않았다. 별채의 작업실에는 작업중인 작품과 도구, 재료 들이 어지러이 널려 있었다.

바비큐 파티가 벌어졌다. 그곳에 가기 전에 미리 시장을 보아두었다. 안애경 씨와 의논해 간단한 바비큐 파티를 열기로 했던 것이다. 맥주가 몇 순배 돌았다. 작가에게 피스카스의 생활에 대해 이것저것 물었다. 그는 그곳 생활에 비교적 만족하고 있었다. 그러나 작품을 하며 생계를 유지하기가 역시 어려운 모양이었다. 작가의 길이 어디라서 다를까.

시간이 제법 흘렀는데도 어두워질 기미가 보이지 않았다. 위도가 높은 지역이라는 게 실감났다. 헬싱키는 북위 60도 지점에 위치한다. 한여름에는 어렴풋이나마 백야 현상을 느낄 수 있다고 한다. 여름인데도 산골이라서 이내 추위가 느껴졌다. 한기를 느낀 일부는 벌써 방안으로 들어가 나올 줄을 몰랐다.

아쉬움을 뒤로 한 채 우리는 조각가 부부와 작별인사를 나누었다. 피스카스 골짜기를 빠져나오는 길이 그새 낯설지 않게 느껴졌다.

2008년 4월, 핀란드의 도시 대표단이 헤이리를 다녀갔다. 미켈리를 비롯한 세 도시의 공무원들이었다. 그들은 쾌적하고 환경친화적인 도시를 만들기 위한 새로운 개념을 찾고 있었다. 그 같은 목표를 갖고 아시아에서는 한국을, 미주지역에서는 미국을 선택하였다. 헤이리를 방문한 10여 명의 방문단은 필자와 헤이리 사례에 대해 진지한 토론을 나누었다.

우리가 스스로 생각하는 것 이상으로 헤이리를 평가해 주는 사람들이 있어 행복했다. 핀란드 손님들을 맞고 보니 몇 해 전 그곳을 다녀온 기억이 또렷이 살아났다.

피스카스 가는 길

◎	Fiskars Village, Fiskarsvägen 18, Raseborg, Finland
🚗	헬싱키에서 51번 도로를 타고 서쪽으로 이동, 25번, 111번 도로를 거쳐 포흐야를 앞두고 우회전해 104번 도로 이용.
🚉	헬싱키 → 카르자 기차 이동. 헬싱키와 투루쿠 사이를 운행하는 인터시티 특급 1시간 소요.
🚌	카르자역 버스정류소에서 버스를 타거나 택시 이용(카르자에서 15km)
🌐	www.fiskarsvillage.fi

세계 예술마을은 무엇으로 사는가

시골 정취를 간직한
고원문화마을

유후인

일본 (규슈)
Japan (Kyushu)

가장 지역적인 것이 가장 세계적이다.
지역 특색을 살리면 살릴수록 국제적으로도 인정받는다.
문화란 뛰어나게 지방적인 것이다.

— 히라마쓰 모리히코

유후인湯布阮. 왠지 모르게 신비감이 느껴지는 이름이다. 마을 지도에 '안개마을'이라는 표현이 보인다. 아침 안개와 온천탕에서 피어오르는 수증기에 감싸인 한 폭의 수묵화 같은 풍경이 연상된다.

언제 처음 유후인의 이름을 들었는지는 기억에 없다. 아마도 누군가 규슈 끝자락에도 헤이리 같은 마을이 있다고 지나가는 말처럼 했던 것 같다. 당시에는 무심코 흘려들었다. 이미 가루이자와를 비롯해 일본 내의 꽤 여러 곳을 다녀왔기 때문이다. 규슈에서만도 후쿠오카, 구마모토, 아리타 등지를 다녀오지 않았는가? 그렇기 때문에 그게 그거려니 싶기도 했고, 주위의 다른 방문지를 묶어 답사 일정을 짜야 한다는 부담감도 있었다.

그러다가 오이타를 방문하는 계획을 세우게 되었다. 일본을 대표하는 건축가 이소자키 아라타의 건축을 집중 탐방해 보자는 이야기가 나왔던 것이다. 이소자키는 안도 다다오와 쌍벽을 이루는 건축가이다. 일본에서는 그의 명성이 더 높다. 한국으로 치면 김수근 선생 같은 존재라고나 할까.

헤이리 회원들에게 안도 다다오는 매우 친숙한 인물이다. 멀리 홋카이도까지 '물의 교회'라는 건축을 보기 위해 다녀왔다. 오사카, 교토, 아와지시마, 오카야마 등지에 흩어져 있는 그의 건축물을 묶어 답사하기도 했다.

상대적으로 이소자키에게는 관심을 덜 쏟은 편이었다. 그가 설계한 건축물들을 많이 보지 못했다. 그럼에도 불구하고 이소자키의 이름은 잘 알고 있었다. 그가 코디네이터가 되어 추진한 프로젝트를 두 군데나 가보았던 것이다.

후쿠오카의 넥서스월드와 구마모토 아트폴리스가 그것이다. 그러나 그곳에 이소자키가 설계한 건축물은 없었다. 오카야마 서경찰서, 교토 콘서트홀, 나라 센테니얼홀 등이 그동안 답사한 이소자키의 작품이었다. 그의 건축세계를 이해하기에는 부족했다. 이소자키의 건축을 집중해서 살펴보는 데는 기타규슈와 오이타가 최적지다. 그가 설계한 작품이 많이 모여 있기 때문이다.

부득이 기타규슈는 제외하기로 했다. 이박삼일로 짧게 잡은 답사일정상 무리였다. 헤이리 회원들이 건축에 관심이 많기는 하나 건축 전문가들이 아니기 때문에 프로그램의 다양성이 필요하기도 했다.

오이타와 유후인을 묶는 답사계획을 세웠다. 마침 오이타에 국제공항이 있어서 짧은 일정 속에서도 효율적인 계획이 가능했다.

첫날은 오이타 시내에 있는 이소자키의 건축물들을 살펴보는 데 할애하였다. 둘째 날은 유후인에서 하루를 보낼 예정이었다. 돌아오는 날

세계 예술마을은 무엇으로 사는가

은 나카쓰를 거쳐 공항으로 이동하기로 하였다. 일정을 짧게 잡은 탓이 었는지 헤이리 해외 답사여행 사상 가장 많은 인원이 참가하였다. 38명 이나 되었다.

오이타가 낳은 건축가 이소자키 아라타

우리를 태운 비행기는 오전 9시 40분에 인천공항을 이륙해 11시 20 분 오이타 공항에 착륙하였다. 2003년 3월 28일의 일이다.

오이타 시내로 이동하는 도중 공항에서 가까운 오이타 농업문화공 원에 들렀다. 이토 도요가 설계한 건축물을 보기 위해서였다. 일자형의 긴 창고 같은 건물이었다. 얼핏 보아서는 건축가의 작품처럼 느껴지지 않았다. 그러나 건축계에서는 주변의 자연과 조화를 잘 이룬 건물로 평 가된다고 한다. 농업을 테마로 하고 농작물을 전시하는 건물이란 점을 고려하면 수수함이 미덕처럼 느껴지기도 했다.

오이타 농업문화공원은 현에서 설립한 테마교육 공원이다. 오이타 현은 일본에서 가장 먼저 '일촌일품' 운동(마을마다 우수한 경쟁력을 가진 한 가 지 생산품을 육성하는 운동)을 시작한 곳이다. 유후인은 일촌일품 운동의 대 표적인 성공사례로 꼽힌다.

일촌일품 운동을 보다 성공적으로 해나가기 위한 일환으로 농업문 화공원이 만들어졌다. 아름다운 자연과 농업의 중요성을 배우고 느끼게 하는 새로운 '농업과 농촌'의 발신기지를 꿈꾸면서.

버스를 타고 오이타 시내로 향하였다. 시내까지는 1시간 남짓 걸렸다. 제일 먼저 들른 곳은 오이타 아트플라자였다. 원래 이 건물은 1966년에 준공되어 오이타 현립도서관으로 사용되었다. 이소자키의 초기 대표작이다. 일본뿐 아니라 해외에서도 높은 평가를 받았다. 시가지 중심에 위치해 오이타 시의 문화적 경관을 형성하는 중요한 축을 이루어 왔다.

오이타 시는 이 건물을 시민 갤러리로 탈바꿈시켰다. 오이타를 매력과 활력이 넘치는 도시로 개조하기 위해서였다. 외관의 변경은 최소화하였다. 건축법 때문에 부분적인 보강공사가 불가피하였다.

1층은 시민 갤러리, 2층은 아트홀과 연수실, 3층은 이소자키 건축전시실이 들어섰다. 2층의 일부에는 60년대 전반에 활동한 전위예술가 그룹 '네오 다다'를 중심으로 하는 현대미술 작품이 전시되고 있었다.

우리는 건축물의 내외부를 둘러보면서, 가장 관심이 많은 이소자키 건축전시실로 올라갔다. 전시실은 모두 9개로 나뉘어 있었다. 이소자키가 이탈리아, 카타르, 중국, 스페인에서 진행한 프로젝트와 일본 기후현에서 진행되는 프로젝트가 5개의 전시실을 차지하고 있었다. 나머지 4개의 전시실에는 1950년대부터 90년대까지 이소자키가 디자인한 건축 관련 자료가 전시되어 있었다.

동행한 건축가 우경국 교수가 전시내용을 설명해 주었다. 일행들 대부분이 사전지식이 충분치 않았기 때문에 전시를 이해하는 데 큰 도움이 되었다. 개략적인 설명이 끝난 후에도 궁금증이 남아 있는 사람들은 우 교수 곁을 떠나지 않았다. 우 교수는 전시 설명하랴, 관람하랴, 사진

세계 예술마을은 무엇으로 사는가

찍으랴 여간 분주한 시간을 보내지 않으면 안되었다. 오이타 답사계획을 세우는 데도 우 교수와 사전에 많은 의견을 나누었다.

오이타 현립도서관 건물이 아트플라자로 바뀌면서 도서관의 기능은 다른 곳으로 옮겨졌다. 현에서는 새로운 복합건물 '도요나라(도요는 오이타 지역의 옛 이름) 정보 라이브러리'를 지어 도서관을 입주시켰다. 이 건물을 설계한 사람 역시 이소자키였다. 1995년에 준공되었다.

건물의 현관 로비를 들어서면 3층 천장까지 시원하게 터진 넓은 공간이 인상적이다. 노출콘크리트로 이루어진 천장의 원형 구조물 사이로 햇빛이 쏟아져 들어오고 있었다.

벽체와 기둥에도 노출콘크리트가 많이 사용되었다. 표면이 하도 정교한 느낌이 들어 살짝 만져보았다. 마치 대리석을 만지는 것 같았다. 이게 기술력의 차이인가 하는 부러움이 밀려왔다.

국내에서 노출콘크리트 건물을 수도 없이 보았지만, 한결같이 너무 거칠었다. 손을 대면 시멘트 가루가 묻어났다. 노출콘크리트 외벽이 부식되어 시커멓게 된 경우도 많았다.

다른 기회에 최삼영 건축가의 말을 들으니 노출콘크리트의 시공과 유지보수에는 높은 기술과 섬세한 주의가 필요함을 알 수 있었다. 그리하여 자신을 포함한 건축가들과 기술자들이 연구모임을 만들어 시공력을 높이기 위한 노력을 꾸준히 해오고 있다는 것이었다.

도서관은 전체가 개가식으로 이루어져 있는데다, 공간이 산뜻하고 여유로웠다. 국립도서관이나 국회도서관 등 국내의 도서관들과 다른 나라에서 본 도서관 어디와 비교해도 뛰어났다. 무엇보다 디자인의 힘

오이타는 이소자키의 도시다.
오이타 아트플라자(위)와
벳푸 비콘플라자(아래).

아닐까 싶었다. 서가와 책상, 의자 등 집기 비품 일체도 건물과 잘 조화를 이루고 있었다. 이런 좋은 환경에서라면 독서에 절로 신명이 날 것 같았다.

마이크로필름을 읽을 수 있는 마이크로리더 프린터, 글자를 확대해 읽을 수 있는 확대 독서기, 시각장애자를 위한 대면對面낭독실 등도 인상적이었다.

"시민이, 누구라도, 언제라도, 어디에서라도 이용할 수 있는, 시민에게 열린 다목적 기능을 갖춘 정보 라이브러리 센터를 지향한다"는 그들의 목표가 공허한 말이 아니었다.

오이타 시내에는 이소자키가 설계한 건축물이 그밖에도 여럿이다. 오이타 시청각센터(1979년 준공), 후쿠오카 시티은행 오이타지점(1966년 준공), 이와타 학원(1964년 준공) … 인구 40만이 조금 넘는 오이타 시내에 30여 년에 걸쳐 지어진 이소자키의 작품이 모여 있다. 오이타 시를 건축가 이소자키와 분리해 생각할 수 없는 이유다.

어떤 사람들은 이소자키가 오이타 출신이기 때문이라고 할지 모르겠다. 다분히 그럴 것이다. 그렇지만 자기 고장 출신의 세계적인 건축가를 사랑하고 경외하는 마음으로 읽어야 하지 않을까? 이소자키는 비단 오이타와 일본 국내에서뿐 아니라 세계가 인정하는 최정상의 건축가이기 때문이다. 로스앤젤레스, 베를린, 빌바오 등 발걸음 닿는 곳곳에서 물리도록 이소자키 아라타의 이름을 들어야 했다.

위에서 언급한 세 건물은 안으로 들어가 보지 못하고 밖에서 외관을 구경하는 것으로 만족했다. 일몰시간이 가까워오고 있었던 것이다.

바삐 자리를 옮겨 벳푸 시내 중심에 위치한 비콘플라자를 마지막으로 견학했다. 1995년에 준공된 건물로서 이소자키가 설계하였다. 비콘 플라자는 나무가 우거진 벳푸공원 안에 위치하고 있었다. 국제회의와 공연이 가능한 컨벤션센터이다. 비콘플라자의 상징은 높이 125미터의 글로벌 타워이다. 하늘로 발사되는 로케트 모양을 하고 있었다.

타워 꼭대기에 위치한 전망대에 올라가보았다. 벳푸 시내와 태평양이 한눈에 들어왔다. 인구 13만 명의 작은 도시가 이렇게 큰 컨벤션센터를 갖고 있다니, 몸에 맞지 않는 옷을 입고 있는 건 아닌가 하는 생각이 들었다.

내일의 유후인을 생각한다

다음날 아침 우리는 유후인으로 출발하였다. 새로 뚫린 자동차 전용도로를 이용하면 숙소에서 유후인까지 30분이면 닿는다고 한다. 시간의 여유가 있었기 때문인지 버스기사는 국도를 선택하였다. 산길을 굽이굽이 돌아가는 험한 길이었다. 바닷가에서 출발해 이내 1천 미터 가까운 고개를 넘어야 하니 가파르기를 짐작할 수 있을 것이다. 덕분에 끝없이 펼쳐진 푸른 벳푸 앞바다를 바라보며 산비탈을 기어오르는 스릴 만점의 드라이브를 즐길 수 있었다.

고갯마루를 넘어서자 오른쪽으로 삐죽 솟은 산봉우리가 보였다. 사

세계 예술마을은 무엇으로 사는가

진으로 본 유후다케였다. 생김새가 특이해서 판별이 가능했다. 높이가 1,600미터 가까운 유후인의 진산鎭山이다. 그러나 고개가 워낙 높아서인지 제주도에 있는 산방산을 가까이에서 올려다보는 정도의 느낌이었다.

산 아래는 분지가 펼쳐져 있었다. 사방이 산봉우리에 둘러싸여 있었다. 유후다케 아래의 분지 한쪽에 집들이 밀집해 있었다. 유후인의 중심부였다.

버스가 고개를 내려가기 시작하였다. 유후다케 기슭에 넓은 목초지가 펼쳐져 있었다. 이른 봄이어서 아직 녹색의 기운이 약하였다. 조금은 황량하고 쓸쓸한 모양새였다.

고개를 거의 내려간 지점에 휴게소가 보였다. 잠시 쉬어가기로 했다. 유후인을 굽어보는 전망대였다. 눈썰미 뛰어나고 재주 좋은 사람이 용케도 그런 곳에 전망대를 지었구나 싶었다.

이제는 유후인 시가지가 한눈에 들어왔다. 바로 발아래 작은 호수가 보였다. 긴린코金鱗湖일 것이다. 밀집한 시가지 끝자락쯤에 기찻길이 보인다. 긴린코에서 뻗어나간 도로와 철도가 만나는 지점에 작은 유후인 역사가 눈에 띄었다.

유후인의 인구는 1만 명이 조금 넘는다고 한다. 눈앞에 펼쳐진 시가지 모습으로는 어림없는 규모였다. 우리나라 면소재지 정도의 느낌이었으니. 행정구역상의 유후인은 이곳 분지 전체와 산자락 사이사이의 제법 넓은 곳을 아우르는 범주일 것이다.

자료를 통해 살펴본 유후인의 첫 번째 특징은 이웃 온천도시 벳푸

유후다케 기슭에서 내려다본 유후인 분지.

와의 대비에서 분명해진다. 지난 밤 우리가 묵었던 벳푸는 전형적인 온천도시다. 거대한 호텔이 저마다 크기를 뽐내고, 수백, 수천 명을 수용하는 온천탕이 자랑이다. 각지에서 모여드는 사람들을 붙잡기 위한 유흥시설이 도처에 늘어서 있다.

유후인의 온천은 양과 크기로 승부하는 흐름을 거부한다. 대신 예스러움을 경쟁력으로 선택하였다. 숙박시설도 일본식 전통 여관이 중심이다. 대부분 수십 명을 수용하는 정도의 규모다. 더러 백 명 넘게 숙박할 수 있는 시설도 있는 모양이지만, 일이십 명밖에 받지 못하는 곳이 많다.

연간 4백만 명 가까이가 방문하고, 그중의 삼분의 일이나 되는 사람들이 묵고 가는 곳치고는 빈약하기 이를 데 없다. 하지만 그들은 옛것의 보존, 시골스러움, 인공적인 것의 적절한 배제 같은 원칙을 정하였다. 차를 타는 편리함보다는 걷는 불편함을 즐거움으로 느끼는 사람들이 있을 것이라고 믿었기 때문이다.

그래서일까? 일본 여성의 70퍼센트가 제일 선호하는 온천마을이 되었다. 가까이 사는 사람만이 이곳을 방문하는 게 아니다. 도쿄나 오사카 같은 먼데서 오는 사람이 대부분이다. 한번 유후인을 찾은 사람은 두 번 세 번 다시 온다. 재방문 비율이 65퍼센트에 이른다고 한다.

두 번째는 '마을만들기 운동'이다. 마을만들기 운동이 유후인을 퇴락한 농촌마을에서 경쟁력 있는 마을로 변모시켰다.

그 실마리는 1953년에 시작되었다. 마을의 중앙분지에 댐을 만들려는 움직임이 있었다. 주민들의 반대로 댐 건설은 백지화되었다. 그렇지만 이 사건은 유후인 사람들이 자기고장의 미래를 고민하고 결정하는

세계 예술마을은 무엇으로 사는가

중요한 선례가 되었다.

이때부터 유후인은 자신의 고유한 멋과 자산을 최대한 활성화시킨다는 개념, 곧 아름다운 자연과 고즈넉한 온천마을의 장점을 지켜가면서 동시에 경제 활성화를 모색한다는 큰 원칙을 세우게 되었다.

1961년 습생식물 군락지 주변에 골프장을 건설하는 움직임이 포착되었다. 다시 한 번 이를 반대하는 운동이 전개되었다. 이런 과정을 거쳐 1971년에 '내일의 유후인을 생각하는 모임'이 만들어졌다. 이 모임의 중심인물들이 유럽 여행을 다녀온 것을 계기로 이 같은 철학은 더욱 힘을 얻었다.

> 이 여행이 우리들의 가치관을 결정적으로 바꾸어놓았습니다.
> 큰 건물을 지어서, 어디선가 싸구려 물건을 구해 오고, 요리사와
> 종업원을 고용해 밀려드는 손님을 효율적으로 맞이한다고 하는
> 관광 개념에서 완전히 벗어날 수 있었습니다.

'내일의 유후인을 생각하는 모임'을 이끌어온 주역 가운데 하나인 나카야 겐타로 씨는 유후인에 관해 자신이 쓴 《유후인발, 일본마을》에서 이렇게 술회하고 있다.

유럽의 시골에서 이들은 보통사람은 보통의 평범한 마을을 여행하기를 더 좋아한다는 확신을 얻었다. 더욱이 규모를 키우는 경쟁에서 다른 온천지역에 한참이나 뒤처져버린 유후인은 그들을 따라가는 것을 멈추고, 작고 소박함 속에 내재된 풍요로움을 추구해야 한다는 신념을 굳혔다. 그런 가운데 중요한 개념으로 정립된 것이 바로 '지역'이었다.

이들은 '이 마을에 아이들이 남을 수 있을 것인가' 하는 주제의 심포지엄을 열기도 하고, '자연환경보호조례'(1972년), '정감 있는 마을만들기조례'(1990년) 등을 통해 주민들의 의견을 행정에 적극 반영해 나갔다.

주민들의 에너지는 행정기관을 움직이기 시작하였다. 1977년에는 전국의 마을만들기 대표들이 유후인에 모여 마을만들기를 주제로 한 심포지엄을 가졌다. 1982년에는 환경청이 유후인을 국민 보양 온천지로 지정하였다.

셋째는 문화와의 접목이다. 유후인은 마을을 활성화하기 위해 문화를 중심으로 한 적극적인 이벤트를 전개하였다.

산골마을의 맑은 밤하늘을 배경으로 음악가들과 주민이 함께하는 '유후인음악제'가 1975년에 출범하였다. 다음 해에는 '유후인영화제'가 시작되었다. 유후인음악제는 250명밖에 수용하지 못하는 열악한 시설의 마을 공회당에서 열린다. 그럼에도 불구하고 많은 음악가들이 즐거운 마음으로 초대에 응하고 있다. 유후인영화제는 동경영화제나 유바리 판타스틱 영화제에는 미치지 못하지만 전국적으로 명성이 높다. 더욱 놀라운 것은 유후인에 영화관이 하나도 없다는 사실이다. 시설이 좋다고 문화가 발전하는 게 아님을 다시 한 번 느끼게 한다. 하드웨어에 경쟁적으로 예산을 쏟아 붓고 있는 우리나라 지자체들이 배워야 할 대목이다.

이밖에도 어린이영화제, 유후인 온천축제, 유후인 분지축제 등의 다양한 행사가 계속 만들어졌다.

이런 주민들의 노력이 결실을 맺어 예술가들이 모여들었다. 갤러리와 미술관, 박물관이 뒤따라 들어왔다. 이제 유후인은 일본에서도 손꼽

세계 예술마을은 무엇으로 사는가

히는 문화환경을 자랑하게 되었다.

아름다운 자연과 온천, 새로 육성된 문화가 마을경제 활성화의 중심축이 되었다. 주민과 행정의 협력 시스템이 원활히 가동되기 시작하였다. 마침내 유후인은 전국 단위의 지명도를 갖는 마을로 격상되었다.

예술가들이 모여들다

휴식을 마치고 버스에 오른 우리는 유후인역 근처에 하차하였다. 유후인역은 간이역을 연상시키는 아주 작은 규모였다. 검은색 외관을 하고 있는 건물의 가운데 대합실 부분이 조금 더 높았다. 이 건물을 설계한 사람도 이소자키였다. 아마도 그는 단층이나 이층의 작은 건물로 이루어진 유후인의 동네 특성과 조화를 이루는 건축을 구상하였을 것이다.

유후인역의 남다른 특징은 역사의 한쪽을 아트홀로 꾸민 점이다. 일반공모를 통해 전시작가를 선정한다고 한다. 오이타 현 거주 여부에 관계없이 응모할 수 있으며, 장르도 제한되지 않는다. 전시중인 작품은 일본작가의 목판화였다. 역사驛舍에 위치하고 있어 기차를 기다리면서 누구라도 가벼운 마음으로 전시를 둘러볼 수 있다.

유후인역 아트홀에서는 2002년부터 '주민과 함께 만드는 유후인 아트'라는 프로그램을 시작하였다. 유후인 주민과 예술을 연결하기 위한 목적이었다.

이소자키가 설계한 유후인 역사. 오른쪽은 대합실 겸용 갤러리다.

2003년 프로그램은 '유후인의 소리'를 그림으로 표현하는 행사였다. 주민들에게 유후인을 대표하는 소리라고 할 수 있는 다이코太鼓 연주를 들려주고, 그 이미지를 그리도록 하였다. 두세 살 어린아이부터 노인들까지 남녀노소 불문하고 참가하였다.

출품된 개인작품과 공동제작한 벽화작품은 유후인역 아트홀에 전시되었다. 또한 전시기간중 갤러리 투어를 개최하였다. 작품제작에 참여한 참가자들을 초청해 자신들의 작품을 감상하는 즐거움을 맛보도록 하기 위해서였다.

추상적인 그림을 그리는 쉽지 않은 프로그램이 호평을 받으며 진행될 수 있었던 것은, 진행과 작품제작에 도움을 준 아티스트, 그리고 수십 명의 자원봉사자 덕분이다. 예술을 주민들이 직접 체험하고 느끼게 하려는 유후인 당국의 노력을 읽을 수 있다.

세계 예술마을은 무엇으로 사는가

우리는 몇몇 미술관과 박물관만 같이 관람하고, 나머지 시간 동안은 자유롭게 구경하기로 하였다. 유후인의 중심거리는 유후인역에서 긴린코에 이르는 짧은 구간이다. 유노쓰보 가도라고 부른다. 그곳에 갤러리와 공방, 아트숍이 밀집되어 있다. 그렇기 때문에 짧은 시간에 효율적으로 둘러보기 위해서는 자유시간을 갖는 것이 합리적이다.

역에서 유후다케를 향해 걷다가 이정표를 보고 오른쪽으로 꺾어들면 유후인미술관을 만나게 된다.

유후인미술관 앞에는 작은 내가 흐르고 있었다. 유후다케 산록과 긴린코에서 흘러내리는 물줄기다. 미술관 건물은 둥근 원 모양이었다. 이름에서 얼핏 공공미술관이 연상되지만 개인 컬렉션을 모은 미술관이었다. 방랑시인이자 화가인 사토 게이의 유품을 모아두었다. 유후인에서 숨을 거둔 화가라고 한다. 2층 휴게실에서 자기 앞으로 편지를 쓰면 다음 해 지정일에 배달해 주는 아트 우편이라는 재미있는 이벤트를 진행하고 있었다.

유후인미술관을 나와 긴린코 쪽으로 걸었다. 아기자기한 가게들이 줄지어 늘어서 있었다. 종이공예점, 도자기 공방, 인형 판매점, 목공예 공방, 그림 갤러리, 사진 갤러리, 와인가게, 옥공방, 액세서리점, 꽃공방, 야생화점, 칠기점, 장난감 판매점, 테디베어 판매점, 오르골 판매점, 과자점, 롤 케익점, 골동품점, 천연염색 공방, 유리공예 공방, 민예품점, 의류가게, 잡화점, 가공식품 판매점, 차 판매점, 허브 공방, 찻집, 레스토랑... 종류도 가지가지였다.

어찌 보면 유후인의 볼거리 특징은 이들 개성 있는 가게들에 있는지 모른다. 갤러리, 공방, 가게의 개념이 혼합되어 있는 곳들이 많았다. 단순한 판매점인가 하면 작가들의 소품을 모은 작은 갤러리 같기도 하고, 작가가 한쪽에서 작업하는 공방이기도 하고, 그림이 어지럽게 걸려 있는 갤러리 한쪽에서 차를 팔기도 하고.

통상적인 방문객이라면 미술관이나 박물관보다 이들 특색 있는 가게에 더 흥미를 가질 만했다. 본격예술을 하는 사람들이야 상업주의 냄새에 고개를 돌리겠지만, 방문객 입장에서는 적은 비용으로 작가들의 손길이 간 소품이나 기념품을 구입하는 즐거움이 있는 것이다.

거리를 걷다가 '음악시대관'이라는 간판을 발견했다. 작은 찻집을 겸하고 있었다. 찻집 벽을 빙 둘러 축음기, 진공관 앰프 등 오래된 음악자료들이 전시되어 있었다. 1900년 전후의 축음기만도 수십 점이나 되었다. 세계 여러 나라에서 모은 것들이었다. 지금도 음악을 들을 수 있을 만큼 상태가 좋다고 한다. 헤이리에서 카메라타를 운영하는 황인용 선생이 같이 왔더라면 한동안 자리를 뜨지 못했을 것이다.

일행과 헤어진 지 좋이 두어 시간이 지났다. 앤틱 자동차를 전시하는 곳을 지나니 긴린코 입구였다. 긴린코는 물속에서 용출되는 온천수에 의해 형성된 호수다. 뜨거운 물이 흘러나오기 때문에 새벽 어름에는 자주 안개 낀 경관을 연출한다고 한다.

긴린코 주변에는 여러 건물이 들어서 있었다. '아르데코 유리미술관'과 '마르크 샤갈 긴린코 미술관'이 눈에 띄었다. 아르데코 미술관은 벽돌로 쌓은 원형의 벽이 눈길을 끌었다. 아르데코를 대표하는 작가 르네 랄릭의 유리공예품을 전시하고 있었다. 인테리어도 아르데코 양식으로 되어 있어 시간을 거슬러 올라간 느낌을 주었다.

세계 예술마을은 무엇으로 사는가

온천수가 용출되는 긴린코 주변에는 문화시설이 여럿 들어서 있다.

　놀라운 것은 일본인들의 수집벽이다. 일본 구석구석을 그다지 많이
누비지 못하였음에도, 르네 랄릭의 작품을 모아 전시한 곳만 벌써 네
번째였다. 사세보 유미하리 언덕과 게이한나 학연도시, 그리고 하코네
에서 르네 랄릭 미술관을 보았다.

　마르크 샤갈 긴린코 미술관은 샤갈의 작품을 전시하고 있는 아주
작은 규모의 전시관이다. 샤갈의 원작이 아니라 삽화집에 들어 있는 인
쇄본을 판넬에 넣어 전시하고 있었다. 유후다케의 북쪽 기슭인 쓰카하
라에는 '마르크 샤갈 유후인고원미술관'이 있다.

다음 행선지는 스에다미술관으로 정했다. 긴린코에서 개천을 건너 시골길을 20여 분 걸어야 했다. 길가에 면한 검은 색 건물이었다. 안마당에는 잡목 숲속에 조각품들이 전시되어 있었다. 스에다 부부 모두 조각가이기 때문에, 미술관은 그들의 살림집이면서 전시공간이었다. 건물 안으로 들어가니 전시공간이 아주 재미있었다. 2층 전시실 폭을 아주 좁게 만들어 아래층과 통하도록 하고 중정의 작품까지 감상할 수 있는 구조였다.

도쿄대학 교수인 하라 히로시가 설계하였다. '작품과 건축과 환경의 일체화'를 추구한 건축물이다. 테라스에 앉아 정원 조각 숲에서 들려오는 새소리와 물소리를 들으면 그 같은 건축 개념을 몸으로 느낄 수 있을 것 같았다.

유후인 시내로 돌아온 우리는 약속시간에 버스에 올랐다. 시가지에서 조금 떨어진 '공상의 숲 미술관' 주변을 둘러보기 위해서였다. 유후다케 기슭이지만 걷기에는 좀 멀었다.

'공상의 숲 미술관'은 '공상의 숲 아르테지오artegio'가 정식이름인 모양이었다. 음악이 중심이 되는 아트 뮤지엄으로서 오감으로 느낄 수 있는 복합시설을 구축하였다고 한다. 음악을 소재로 한 아르망의 판화작품과 조각이 눈에 띄었다. 마티스와 칸딘스키의 작품도 진열되어 있었다. 작지만 깔끔하고 인상적인 공간이었다. 이 미술관을 기획한 사람은 일본과 한국을 오가며 미술 관련 일을 하던 하라다 아키카즈였다. 몇 해 전 헤이리에서 만나 그런 사실을 알게 되었다.

바로 이웃에는 '와타쿠시미술관'과 '갤러리 유진'이 자리하고 있었

세계 예술마을은 무엇으로 사는가

바람의언덕 화장장
나카쓰 시립도서관 **나카쓰**

우사 ★
더블템포

기츠키 ★
오이타 농업문화공원

오이타 현
Oita

비콘플라자
벳푸 ★

유후인역
유후인미술관
아르데코 유리미술관 ★
샤갈 긴린코미술관 **유후인**
스에다미술관
공상의숲미술관
와타쿠시미술관

★ 오이타
오이타
오이타 아트플라자
정보라이브러리
오이타 시청각센터
이와타 학원

다. 와타쿠시는 우리말로 '나'라는 뜻이다. "어디든 마음에 드는 그림이 있으면 미술관이다"는 개념에서 출범하였다고 한다. 미술관 2층에서는 조르주 루오, 안토니 타피에스, 살바도르 달리 등의 판화를 전시하고 있었다.

갤러리 유진이 같은 건물 내에 함께 들어 있다. 이곳은 지적 장애를 가진 아티스트들에게 특별한 관심을 기울이는 곳으로 알려져 있다. 경기문화재단에서 기획하고 한국시각예술인협회가 펴낸 《에이블 아트》라는 책에서 이 미술관에 관한 글을 읽은 적이 있다.

이곳 경사진 숲속에는 갤러리 아리, 도자기공방 등 몇 개의 문화시설이 더 들어서 있다. 20세기 초부터 현재까지의 명품 오토바이를 모은

'이륜차박물관'도 눈에 띄었다.

이밖에도 '유후인 스테인드글라스 미술관' '마키에미술관' '유후고원미술관' '가든미술관' '유후인향도미술관' 등이 분지 곳곳에 산재해 있다.

하루종일 발품을 팔다 보니 벌써 해거름녘이 되었다. 숙소로 돌아가야 할 시간이었다. 아쉬움을 뒤로 한 채 우리는 유후인을 빠져나왔다. 고원마을에 저녁 안개가 낮게 깔리고 있었다. 돌아오는 길은 자동차전용도로를 이용하였다.

지금부터 두 해 전에 유후인에 다시 들를 기회가 있었다. 2014년 말이었다. 가장 눈에 띈 변화는 유노쓰보 가도의 상점들이었다. 레스토랑과 카페가 많이 늘었음을 알 수 있었다. 특히 긴린코 부근이 많이 번잡스러워졌다. 단체 관광객도 많아졌다. 한동안 일본 여성들에게나 인기 있던 곳이 어느새 한국인들도 다수 방문하는 곳으로 변했으니, 뉘라서 세상사의 변화를 막을 수 있으랴.

시간이 머문 자리 '바람의 언덕 화장장'

다음날 우리는 오이타 현 최북단의 나카쓰로 향했다. 비행기 시간이 오후 5시경이었기 때문에 나카쓰에서 한두 곳을 더 둘러볼 요량이

세계 예술마을은 무엇으로 사는가

었다. 마침 공항도 나카쓰와 벳푸 사이에 자리하고 있었다.

나카쓰는 일본 근대화의 정신적 지주 역할을 한 후쿠자와 유키치의 고향이다. 일본 화폐 만엔권에 그려진 초상이 후쿠자와 유키치다. 그가 일본에서 얼마나 크게 받들어지고 있는지를 알 수 있다. 그는 한국의 지식인들에게도 큰 영향을 끼쳤다. 이광수는 하늘이 일본을 축복해 그런 위인을 내렸다고 부러워했다.

그는 지식인으로서 언론인으로서 교육자로서 일본의 문명화를 위해 남다른 노력을 기울였다. 그렇지만 제국주의를 향해 나아가는 일본 정부의 정책에 동조적인 입장을 취하였다. 거기에 그의 사상적 한계와 모순이 있다. 일본의 식민지가 되었던 우리 입장에서는 착잡한 생각이 들지 않을 수 없다.

나카쓰에는 마키 후미히코가 설계한 두 개의 중요한 건물이 있다. 나카쓰시립도서관과 '바람의 언덕 화장장'이다. 그중에서도 1997년에 준공된 '바람의 언덕 화장장'은 특별한 주목을 끈 작품이다.

살다 보니 별일이 다 있다. 화장장을 여행하게 될 줄이야. 그저 건축물이 좀 특별하려니 가볍게 생각했다. 다른 일행들도 마찬가지였을 것이다. 꺼림칙하게 생각한 이들도 있었을 것이다.

화장장은 시내를 벗어난 외곽에 자리하고 있었다. 단층의 기다란 건물처럼 보였다. 입구에서 내려 건물 안으로 들어섰다. 로비가 넓고 깨끗했다. 화장장이라는 이야기를 미리 귀띔해 듣지 않았더라면, 종교시설쯤으로 착각할 뻔했다. 음산한 화장장이라기보다는 조용한 명상의 집이었다.

건물 내부를 한 바퀴 둘러보았다. 다비가 진행되는 동안 유족들이

조용한 명상의 집을 연상시키는 바람의 언덕 화장장.

대기하는 대기실은 고급 호텔의 다실보다 운치가 느껴졌다. 중정에는 연못이 조성되어 있었다. 연못가의 회랑을 따라 다비실과 고별실, 수골실이 나란히 배치되어 있었다. 연못에서 바라보면 다비실 벽면에 폭이 좁고 위아래로 긴 창이 여러 개 나 있다. 연못과 다비실의 대비가 묘한 느낌을 불러일으켰다. 누구라도 삶과 죽음에 대한 성찰을 피할 수 없을 것 같았다.

장례의식을 치르는 홀은 피사의 사탑처럼 기울어 있었다. 마지막 이승을 하직하는 순간까지 육신의 무게를 힘겨워하는 중생들에 대한 배려였을까?

화장장 뒤쪽은 넓은 공원이었다. '바람의 언덕'이란 이름이 붙은 이유를 알 수 있었다. 다비 시간 동안 대기실이 마뜩잖은 사람들은 잔디밭을 산책하라는 배려일 것이다. 고인에 대한 각자의 추억과 추모 방식이 다를 터이니.

잔디밭이 끝나는 지점까지 걸어가 보았다. 거기에 무엇이 있는 줄 모르고 무심코 발길 닿는 대로 걸었다. 깜짝 놀랐다. 오래된 묘지들이 누워 있지 않은가? 고분시대부터 근세까지의 공동묘지였다.

고분 표지석을 본 순간 무릎을 쳤다. 만일 마키 후미히코가 일부러 그 땅을 화장장 터로 골랐다면, 건축가들이란 참으로 의뭉스러운 존재들이다. 생과 사를 한두 세대의 문제를 넘어 누천년에 걸친 인류의 사슬 같은 인연 속으로 연결시키고 있으니.

깊은 애통 속에서 죽은 자를 떠나보내는 사람들은 그 무덤군을 바라보며 상념에 잠길 것이다. 도도한 역사의 흐름과 인연의 끈 같은 것에 대한.

대지를 스치는 바람소리가 귓가에 울려오고 있었다. 하늘에서도, 땅속에서도.

<table>
<tr><td colspan="2" align="center">**유후인 가는 길**</td></tr>
<tr><td>🚗</td><td>후쿠오카에서 규슈 자동차도→오이타 자동차도 이용하거나 기타규슈에서 히가시규슈 자동차도 이용해 벳푸, 유후인으로 이동.</td></tr>
<tr><td>🚃</td><td>JR하카타역에서 유후인노모리나 유후호를 타고 유후인역 하차.</td></tr>
<tr><td>🚌</td><td>후쿠오카 공항, 하카타역 교통센터, 텐진 버스센터에서 유후인행 고속버스 이용. 혹은 오이타 공항, 벳푸, 오이타에서 버스 이용.</td></tr>
<tr><td>🌐</td><td>www.yufuin.gr.jp / www.yufuin.or.kr</td></tr>
</table>

세계 예술마을은 무엇으로 사는가

사진/일러스트